U0161787

高等院校计算机类规划教材
国家新闻出版改革发展项目库入库项目
数据科学与大数据技术专业教材丛书

数 据 可 视 化

林荣恒　吴步丹　张晓宇　编著

北京邮电大学出版社
www.buptpress.com

内 容 简 介

本书系统地介绍了数据可视化的历史、关键过程,以及不同数据类型条件下的数据可视化方法。本书首先介绍了可视化的数据基础,明确了数据的特征等基础概念,并详细说明了可视化中数据处理的一般流程;然后介绍了高维非空间数据、层次和网络数据、跨媒体数据等各种数据的可视化方法,使读者了解到不同类型的可视化技巧;接着介绍了可视化交互过程,以及如何评估可视化的方法,使读者能够在动态环境中进行可视化呈现;最后介绍了相关可视化软件与工具。

本书适合计算机、大数据等专业的本科生及研究生作为大数据、可视化等课程的参考书籍,同时也适合业界从事可视化专业的人员阅读参考。

图书在版编目(CIP)数据

数据可视化 / 林荣恒,吴步丹,张晓宇编著 . -- 北京:北京邮电大学出版社,2023.2
ISBN 978-7-5635-6803-1

Ⅰ. ①数… Ⅱ. ①林… ②吴… ③张… Ⅲ. ①可视化软件—数据处理—高等学校—教材
Ⅳ. ①TP317.3

中国版本图书馆 CIP 数据核字(2022)第 222257 号

策划编辑:姚 顺 刘纳新 责任编辑:刘 颖 责任校对:张会良 封面设计:七星博纳

出版发行:北京邮电大学出版社
社 址:北京市海淀区西土城路 10 号
邮政编码:100876
发 行 部:电话:010-62282185 传真:010-62283578
E-mail:publish@bupt.edu.cn
经 销:各地新华书店
印 刷:唐山玺诚印务有限公司
开 本:787 mm×1 092 mm 1/16
印 张:13.5
字 数:287 千字
版 次:2023 年 2 月第 1 版
印 次:2023 年 2 月第 1 次印刷

ISBN 978-7-5635-6803-1 定价:39.00 元

前　言

当前，我们处在一个数据时代，每时每刻都有数据产生。数据的存储、处理、分析与可视化是数据时代重要的工作。数据可视化在整个数据处理链条中处于最终步骤，成为数据应用的最终呈现。然而，可视化经常会陷入误区，很多人认为可视化就是做一个界面或者采用一些统计方法画一些图表，还有人认为数据可视化就是利用已有的可视化库对数据进行简单呈现。上述观点都相对片面，事实上数据可视化已成为一个学科分支，具备相对完备的理论和方法。

笔者与数据可视化的渊源可以追溯到大学二年级做物理实验时利用可视化图表来表现相关误差、标准差。从那时候起，可视化就成了做实验、写报告、写论文不可或缺的一部分。然而，当时对数据可视化的理解仅限于如何利用可视化表示数据。随着数据分析类项目的开展，数据可视化可以用来讲述故事、说明思路、表现成果。后来，笔者有幸入选了国家留学基金委的公派研究生项目，到佐治亚理工大学计算学院人机交互实验室交流学习，才发现数据可视化以及可视化的交互其实是一种人机交互的设计。在此基础上，数据可视化不再是一张张静态的图表，它可以体现为线条的变化、柱状图的调整、动画的切换，还可以表现为鼠标点击后的响应、手指滑动后的反馈等。数据可视化的用途也不再只是用于单纯呈现数据，而是以数据可视化为驱动，引导用户进行探索性的数据分析，利用人眼敏锐的观察能力和人脑强大的分析能力，发现隐藏在数据背后的关联关系，得出相关的推断结论。数据可视化还可以作为数据挖掘、机器学习中的重要环节，帮助数据分析师快速地了解数据分布特点、数据结果隐含的模式，展示机器学习背后的原理等。数据可视化的思想还可以在学术论文、幻灯片展示设计等方面发挥重要的作用，值得所有从事科学研究、商务活动的人深入学习。

本书系统地向读者介绍了数据可视化的历史、关键过程，以及不同数据类型条件下的数据可视化方法，从而支撑读者创建好的可视化作品，希望读者可以通过本书了解到数据可视化可以作为一种工具、一种设计引导人们思考、探索、获取、形成新的结论和猜想。

本书的内容涵盖了数据可视化的多个方面。本书首先介绍了可视化的数据基础,明确了数据的特征等基础概念,并详细说明了可视化中数据处理的一般流程;然后介绍了高维非空间数据、层次和网络数据、跨媒体数据等各种数据的可视化方法,使读者了解到不同类型的可视化技巧;接着介绍了可视化交互过程,以及如何评估可视化的方法,使读者能够在动态环境中进行可视化呈现;最后介绍了相关可视化软件与工具,帮助读者借助工具进行可视化的设计与实现。读者在进行可视化学习的过程中,应该理解数据的特点,对于不同类型的数据有着不同的可视化图表以及呈现形式。在可视化的过程中,还应当首先明确可视化的目的、业务意义等,然后逐层地剥开隐藏数据的含义。

本书的编写得到了北京邮电大学网络与交换技术国家重点实验室的老师、同学等的指导和支持,在此对他们表示由衷的感谢。

林荣恒

北京邮电大学

目　录

第1章

数据可视化简介

可视化技术是指利用计算机图形学、计算机图像处理、计算机信号处理等方法对数据、信息、知识的内在结构进行表达。可视化技术的主要流程包括:过滤、分析、筛选、挖掘、绘制、提炼和交互。

数据可视化可以帮助用户从大量杂乱无章的数据中挖掘特征,从而进行后续的分析决策。

1.1 为什么需要可视化

中国有古语"百闻不如一见",即听别人描述一个物体多次不如自己亲自看一眼来得生动可靠。由此可见,人通过视觉所获得的信息量远大于语言的输入。在机器学习高度发展的今天,机器人对于图像、视频的综合理解仍然没有达到人们大脑的理解力。人强大的视觉处理能力结合合理的可视化方式,可以弥补机器分析的缺陷。以图 1.1 为例,在图 1.1 所示的数字中找出数字 9 出现的频次。

显然,通过人眼很难一眼得出答案。但可以通过简单的一个可视化技巧——涂色来完成上述数字 9 个数的快速发现,如图 1.2 所示。

另外一个很典型的例子——如果用户需要观看 1 个月的视频数据,如何快速看完所有视频并能从中发现相关的隐藏模式。

很显然大多数人会认为可以用深度神经网络直接对数据进行处理,训练和发现相关模式从而进行判定。然而,该方法过于复杂,实施起来需要大量的训练样本。

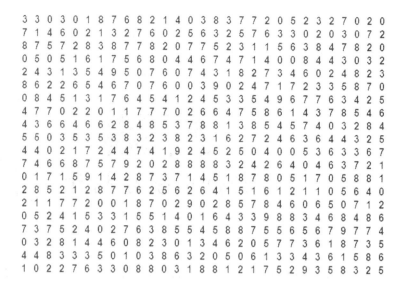

```
3 3 0 3 0 1 8 7 6 8 2 1 4 0 3 8 3 7 7 2 0 5 2 3 2 7 0 2 0
7 1 4 6 0 2 1 3 2 7 6 0 2 5 6 3 2 5 7 6 3 3 0 2 0 3 0 7 2
8 7 5 7 2 8 3 8 7 7 8 2 0 7 7 5 2 3 1 1 5 6 3 8 4 7 8 2 0
0 5 0 5 1 6 1 7 5 6 8 0 4 4 6 7 4 7 1 4 0 0 8 4 4 3 0 3 2
2 4 3 1 3 5 4 9 5 0 7 6 0 7 4 3 1 8 2 7 3 4 6 0 2 4 8 2 3
8 6 2 2 6 5 4 6 7 0 7 6 0 0 3 9 0 2 4 7 1 7 2 3 3 5 8 7 0
0 8 4 5 1 3 1 7 6 4 5 4 1 2 4 5 3 3 5 4 9 6 7 7 6 3 4 2 5
4 7 7 0 2 2 0 1 1 7 7 7 0 2 6 6 4 7 5 8 6 1 4 3 7 8 5 4 6
4 3 6 6 4 6 6 2 8 4 8 5 3 7 8 8 1 3 8 5 4 5 7 4 0 3 2 8 4
5 5 0 3 5 3 5 3 8 3 2 3 8 2 3 1 6 2 7 2 4 6 3 6 4 4 3 2 5
4 4 0 2 1 7 2 4 4 7 4 1 9 2 4 5 2 5 0 4 0 0 5 3 6 3 3 6 7
7 4 6 6 8 7 5 7 9 2 0 2 8 8 8 8 3 2 4 2 6 4 0 4 6 3 7 2 1
0 1 7 1 5 9 1 4 2 8 7 3 7 1 4 5 1 8 7 8 0 5 1 7 0 5 8 8 1
2 8 5 2 1 2 8 7 7 6 2 5 6 2 6 4 1 5 1 6 1 2 1 1 0 5 6 4 0
2 1 1 7 7 2 0 0 1 8 7 0 2 9 0 2 8 5 7 8 4 6 0 6 5 0 7 1 2
0 5 2 4 1 5 3 3 1 5 5 1 4 0 1 6 4 3 3 9 8 8 3 4 6 8 4 8 6
7 3 7 5 2 4 0 2 7 6 3 8 5 5 4 5 8 8 7 5 5 6 5 6 7 9 7 7 4
0 3 2 8 1 4 4 6 0 8 2 3 0 1 3 4 6 2 0 5 7 7 3 6 1 8 7 3 5
4 4 8 3 3 3 5 0 1 0 3 8 6 3 2 0 5 0 6 1 3 3 4 3 6 1 5 8 6
1 0 2 2 7 6 3 3 0 8 8 0 3 1 8 8 1 2 1 7 5 2 9 3 5 8 3 2 5
```

图 1.1　数字 9 的个数

```
3 3 0 3 0 1 8 7 6 8 2 1 4 0 3 8 3 7 7 2 0 5 2 3 2 7 0 2 0
7 1 4 6 0 2 1 3 2 7 6 0 2 5 6 3 2 5 7 6 3 3 0 2 0 3 0 7 2
8 7 5 7 2 8 3 8 7 7 8 2 0 7 7 5 2 3 1 1 5 6 3 8 4 7 8 2 0
0 5 0 5 1 6 1 7 5 6 8 0 4 4 6 7 4 7 1 4 0 0 8 4 4 3 0 3 2
2 4 3 1 3 5 4 9 5 0 7 6 0 7 4 3 1 8 2 7 3 4 6 0 2 4 8 2 3
8 6 2 2 6 5 4 6 7 0 7 6 0 0 3 9 0 2 4 7 1 7 2 3 3 5 8 7 0
0 8 4 5 1 3 1 7 6 4 5 4 1 2 4 5 3 3 5 4 9 6 7 7 6 3 4 2 5
4 7 7 0 2 2 0 1 1 7 7 7 0 2 6 6 4 7 5 8 6 1 4 3 7 8 5 4 6
4 3 6 6 4 6 6 2 8 4 8 5 3 7 8 8 1 3 8 5 4 5 7 4 0 3 2 8 4
5 5 0 3 5 3 5 3 8 3 2 3 8 2 3 1 6 2 7 2 4 6 3 6 4 4 3 2 5
4 4 0 2 1 7 2 4 4 7 4 1 9 2 4 5 2 5 0 4 0 0 5 3 6 3 3 6 7
7 4 6 6 8 7 5 7 9 2 0 2 8 8 8 8 3 2 4 2 6 4 0 4 6 3 7 2 1
0 1 7 1 5 9 1 4 2 8 7 3 7 1 4 5 1 8 7 8 0 5 1 7 0 5 8 8 1
2 8 5 2 1 2 8 7 7 6 2 5 6 2 6 4 1 5 1 6 1 2 1 1 0 5 6 4 0
2 1 1 7 7 2 0 0 1 8 7 0 2 9 0 2 8 5 7 8 4 6 0 6 5 0 7 1 2
0 5 2 4 1 5 3 3 1 5 5 1 4 0 1 6 4 3 3 9 8 8 3 4 6 8 4 8 6
7 3 7 5 2 4 0 2 7 6 3 8 5 5 4 5 8 8 7 5 5 6 5 6 7 9 7 7 4
0 3 2 8 1 4 4 6 0 8 2 3 0 1 3 4 6 2 0 5 7 7 3 6 1 8 7 3 5
4 4 8 3 3 3 5 0 1 0 3 8 6 3 2 0 5 0 6 1 3 3 4 3 6 1 5 8 6
1 0 2 2 7 6 3 3 0 8 8 0 3 1 8 8 1 2 1 7 5 2 9 3 5 8 3 2 5
```

图 1.2　简单涂色后的数字 9 谜底

如图 1.3 所示,利用简单的灰度化、背景去除操作,结合可视化的叠加即可快速了解海量视频中的事件,从而快速分析出想要的结果。

由此可见,可视化是由人类强大的视觉及综合分析能力所推动及促进的。

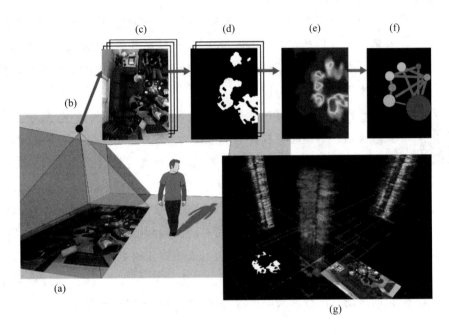

图 1.3　以可视化方法分析海量视频监控

1.2　可视化的历史发展

据最新研究表明,可视化的历史可追溯到公元前 5500 年的美索不达米亚黏土代币,以及马绍尔群岛的黏性图。真正有记录的数据可视化可以追溯到公元前 1160 年,古埃及都灵纸莎草纸地图用可视化的形式标明了地质资源的分布,如图 1.4 所示。

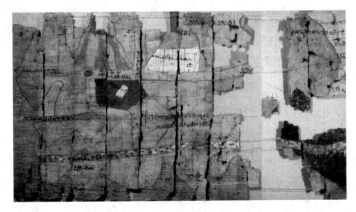

图 1.4　标明矿产的莎草纸地图(来自 Wikipedia)

但是直到16世纪以后,随着对天文观测的需求以及数学的发展,特别是笛卡儿及费马等人提出解析几何、坐标系等概念,大大促进了可视化的发展。费马和布莱斯帕斯卡在统计学和概率论方面的工作则为现代可视化的发展提供了动力。

现代意义上的可视化案例恰恰表明了可视化与数据、数学等的重要关联关系。一提起可视化历史上最为经典的案例,就不得不提霍乱地图。1854年伦敦爆发霍乱,10天内有500人死去,但比死亡更加令人恐慌的是未知,人们不知道霍乱的源头和感染分布。流行病专家John Snow将病人的信息与地图相关联,发现源头来自某个水源的污染。他在地图上用黑杠标注死亡案例,最终发现所有的案例都围绕在某个水源地。如图1.5所示,中心五角星的位置可以通过人眼对所有数据的分布得出,也可以通过简单的感染范围计算反推得出。这个案例告诉我们,通过对数据可视化的呈现可以帮助人们理解隐含在数据后面的问题真相。

可视化历史

图1.5 伦敦霍乱地图

如果说霍乱地图是对于数据在空间上的可视化,那么拿破仑东征图(如图1.6所示)则是人们时间、空间结合的一次尝试。

拿破仑东征图整体上以地图为底板,以线条的宽度展示了东征不同阶段的人数,同时图的下半部还对应表示了不同时间气温的变化。可以发现,整个东征过程人数在减少。当从莫斯科往回撤的时候,气温成了威胁军队正常撤退的重要因素。从右到左反映了撤退途中的温度变化(温

度采用的是现在已经废弃的温度计量单位——列氏度,单位为°R,1 °R=
1.25 ℃),最低温度竟然达到-30 °R(-37.5 ℃)。对照军队规模在行军
途中的阶梯状锐减的转折点对应的温度变量,排除了当地发生战役的可
能,我们可以直观地推断出导致士兵死亡的最大杀手是低温。

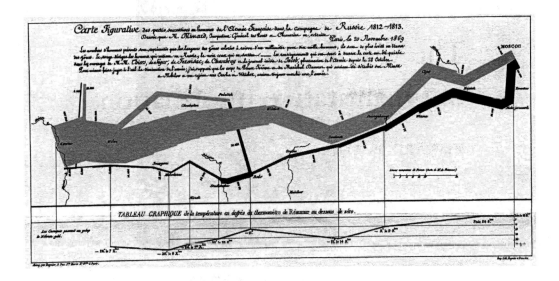

图 1.6　拿破仑东征图

1.3　不好的可视化是一场灾难

上节描述了不少可视化的例子,可能有读者会觉得可视化不就是把
数据用图形表示,还有什么可学的。本节将用几个简单的例子说明不好
的可视化是如何降低人们的日常效率的。

当停车人匆忙地想要停车的时候,看到如图 1.7 所示的复杂的停车标
示,肯定会担心一不小心就会被罚款。让停车人做复杂的条件判断是不
可取的标示方式。那么有没有办法解决这个问题?

利用图 1.8 则可快速了解当前的停车时限以及是否违规。图 1.8 的
可视化之所以直接明了,主要是采用了自然映射等设计思想将人们对时
间的概念与停车时限规则进行映射。

图 1.9 所示的例子展示了美国无家可归人口的变化趋势。但这张图
非常难懂,因为各个州有升有降。其实作者想表明的是从 2015 年到 2017

年无家可归的人口增加了,但是读者很难从这样的图表中发现规律,除非先做一下简单的计算。

不好可视化
的后果

图 1.7 一个复杂的停车标示

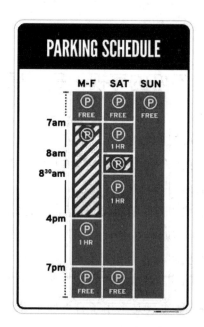

图 1.8 一个改进的停车可视化标示

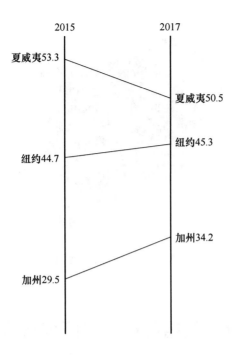

图 1.9　美国无家可归人数统计图

可视化很重要的一个目的是数据的易读性。若要表示一个趋势，考虑一下直接将趋势表示出来，而不是用这种二义性的关系图来表示。简单、直接是可视化的重要原则。然而，很多人却经常为了趣味性等因素，引入了过多元素，从而使得可视化图表不具有可读性。如图 1.10 所示，图的作者希望通过饼状图的方式来表示相关成分在比萨中的比例，本来是很好的一种可视化方式。作者同时引入了比萨实物作为底图，这可以看作一种趣味化的选择。此时可以为作者的高明想法点个赞。然而，作者却忘记了自然映射等基本可视化原则，比萨的切割比例与具体的比例没有关系。想表现的比例关系只能通过数值来表示。这样的图表，实际是一种很差的图表，人们看到这样图表的第一印象是每份比萨的大小，而不会去看上面的数值。

由此可见，数据可视化目的是让数据更加直接。如果相关可视化设计给读者带来了困惑，增加了计算量，难以理解，那么这种可视化方式就需要进行调整。

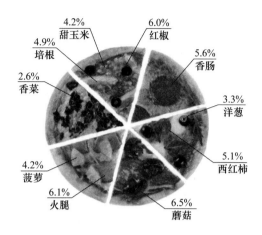

图 1.10　比萨比例饼状图

1.4　数据可视化的研究与分类

　　数据可视化的研究主要集中在可视化的表现形式研究、可视化的交互方式研究、可视化在不同设备上的适配研究、可视化基本原理与方法研究、可视化应用研究等几个方向。下面以数据可视化顶级会议 InfoVis 的相关征文方向来解释上述方向的具体内容。

- 用于各种数据类型的可视化编码和交互式可视化技术:包括因果关系和不确定性数据的表示;图(网络)、树(层次结构)和其他关系数据的表示;异构数据的表示;高维和多变量数据的表示;非数字数据(分类数据、标称数据等)的表示与交互;流数据或时变数据的表示与交互;文本和文件的表示与交互;时间序列的表示与交互;地理空间数据的表示与交互。
- 支持数据分析过程的交互技术:包括缩放、浏览和失真保障技术;多个视图的协调技术;数据标记、编辑和注释技术。
- 不同的模式和设备的可视化:包括移动和无处不在的设备的可视化;大型显示器的可视化;笔、触摸、讲话、手势、混合现实等的可视化;沉浸式环境的可视化;增强现实可视化;物理化可视化。
- 可视化的基本原理和方法:包括认知和感知的研究;视觉设计与美学;分类学和模型;研究方法和框架;任务和需求分析;指标和基准;广泛的评价方法(包括定量、定性和复制研究);新颖的算法。
- 应用于各种上下文的可视化:故事上下文的可视化;教育和教学的

可视化;可视化工具包设计;海量数据可视化;非专家受众的可视化;生物、体育、数字人文、金融等特定应用领域的可视化;可视化数据挖掘和视觉知识发现;博物馆和公共环境的可视化;基于位置的可视化。

1.5　大数据可视化的挑战

大数据可视化面临的挑战主要指可视化分析过程中数据的呈现方式,包括可视化技术和信息可视化显示。大数据可视化的方法迎接了四个"V"的挑战,同时这也是 4 个机遇。

- 体量(volume):使用数据量很大的数据集开发,并从大数据中获得意义。
- 多源(variety):开发过程中需要尽可能多的数据源。
- 高速(velocity):企业不用再分批处理数据,而是可以实时处理全部数据。
- 质量(value):不仅为用户创建有吸引力的信息图和热点图,还能通过大数据获取意见,创造商业价值。

大数据时代,大规模、高维度、非结构化数据层出不穷,要将这样的数据以可视化形式完美地展示出来,传统的显示技术已很难满足这样的需求。而高分高清大屏幕拼接可视化技术正是为解决这一问题而发展起来的,它具有超大画面、纯真彩色、高亮度、高分辨率等显示优势,结合数据实时渲染技术、GIS 空间数据可视化技术,实现数据实时图形可视化、场景化以及实时交互,便于空间知识的呈现,让使用者更加方便地理解数据,可应用于指挥监控、视景仿真及三维交互等众多领域。

本 章 小 结

本章通过介绍可视化的来源、历史以及可视化存在的问题,给读者一个可视化的初步印象。下一章将通过介绍可视化的数据基础,使得读者进一步了解可视化的内涵。

习　题

（1）为什么需要可视化？

（2）不好的可视化可能带来哪些问题？

（3）大数据可视化的挑战有哪些？

第 2 章

数　据

数据是可视化的基础,理解数据的特点和性质是可视化的关键一步。本章重点介绍相关数据的基础、数据特征、数据预处理、数据存储等数据可视化的前置条件。

2.1　数据基础

2.1.1　数据属性

数据集由数据对象组成,一个数据对象代表一个实体。数据对象又称样本、实例、数据点或对象。属性(attribute)是一个数据字段,表示数据对象的一个特征。属性向量(或特征向量)是用来描述一个给定对象的一组属性。属性有不同类型:标称属性(nominal attribute)、二元属性(binary attribute)、序数属性(ordinal attribute)、数值属性(numerical attribute)、离散属性与连续属性。

(1) 标称属性

标称属性意味着与名称相关,它的值是一些符号或事物的名称。每个值代表某种类别、编码或状态,因此标称属性又被看作是分类的(categorical)。这些值不必具有有意义的序列,并且不是定量的。在计算机科学中,这些值也被看作是枚举的(enumeration)。在标称属性上,数学运算是没有意义的。

假设 hair_color(头发颜色)和 marital_status(婚姻状况)是两个描述人的属性。hair_color 的可能值为黑色、棕色、淡黄色、红色、赤褐色、灰色和白色。marital_status 的取值可以是单身、已婚、离异或丧偶。hair_color 和 marital_status 都是标称属性。标称属性的另一个例子是 occupation(职业),取值可以是教师、牙医、程序员、农民等。

尽管我们说标称属性的值是一些符号或事物的名称,但是可以用数表示这些符号或名称。例如,对于 hair_color,我们可以指定代码 0 表示黑色,1 表示棕色,等等。另一个例子是 customer_ID(顾客号),它的可能值可以都是数值。然而,在这种情况下,并不打算定量地使用这些数。也就是说,在标称属性之上,数学运算没有意义。与从一个年龄值(这里,年龄是数值属性)减去另一个不同,从一个顾客号减去另一个顾客号毫无意义。尽管一个标称属性可以取整数值,但是也不能把它视为数值属性,因为并不打算定量地使用这些整数。

标称属性值并不具有有意义的序,并且不是定量的,因此,给定一个对象集,找出这种属性的均值(平均值)或中值(中位数)就没有意义。然而,一件有意义的事情是寻找该属性最常出现的值,这个值称为众数(mode),是一种中心趋势度量。

(2) 二元属性

二元属性是一种标称属性,只有两个类别或状态:0 或 1,其中 0 常表示不出现,1 表示出现。如果将 0 和 1 对应于 false 和 true,二元属性则称为布尔属性。

(3) 序数属性

序数属性可能的取值之间具有有意义的序或等级评定,但相继值之间的差是未知的。例如,学生的成绩属性可以分为优、良、中、差四个等级;某快餐店的饮料杯具有大、中、小三个可能值。然而,具体"大"比"中"大多少是未知的。

序数属性可用于记录不能客观度量的主观质量评估。因此,序数属性常用于等级评定调查。如某销售部门客户服务质量的评估,0 表示很不满意,1 不太满意,2 表示中性,3 表示满意,4 表示非常满意。

通过数据预处理中的数据规约,序数属性可以通过将数据的值域划分成有限个有序类别,将数值属性离散化而得到。应注意的是,标称、二元和序数属性都是定性的,只描述样本的特征,而不给出实际大小或数量。下面介绍提供样本定量度量的数值属性。

(4) 数值属性

数值属性是可度量的量,用整数或实数值表示,有区间标度和比率标度两种类型。

① 区间标度(interval-scaled)属性

区间标度属性用相等的单位尺度度量。区间属性的值有序。所以，除等级评定外，这种属性允许比较和定量评估值之间的差。例如，身高属性是区间标度的。假设我们有一个班学生的身高统计值，将每一个人视为一个样本，将这些学生身高值排序，可以量化不同值之间的差。A 同学身高 170 cm 比 B 同学的身高 165 cm 高出 5 cm。

对于没有真正零点假设的摄氏温度和华氏温度，其零值不表示没有温度。例如，摄氏温度的度量单位是水在标准大气压下沸点温度与冰点温度之差的 1/100。尽管可以计算温度之差，但没有真正的零值，因此不能说 10 ℃ 是 5 ℃ 的 2 倍，不能用比率描述这些值。但比率标度属性存在真正的零点。

② 比率标度(ratio-scaled)属性

比率标度属性的度量是比率的，可以用比率来描述两个值，即一个值是另一个值的倍数，也可以计算值之间的差。例如，不同于摄氏和华氏温度，开氏温度具有绝对零度。在绝对零度，构成物质的粒子具有零动能。比率标度属性的例子还包括字数和工龄等计数属性，以及重量、高度、速度等度量属性。

（5）离散属性与连续属性

前面介绍的四种属性类型之间不是互斥的。还可以用许多其他方法来组织属性类型，使类型间不互斥。机器学习领域的分类算法常把属性分为离散的或连续的。不同的类型有不同的处理方法。

离散属性具有有限或无限个值。例如，学生成绩属性取优、良、中、差；二元属性取 1 和 0；年龄属性取 0 到 110。如果一个属性可能取值的值集合是无限的，但可以建立一个与自然数的一一对应，那么这个属性也是离散属性。如果一个属性不是离散的，那么它是连续的。注意：在文献中，术语"数值属性"和"连续属性"常可以互换使用，因此，"连续属性"也常被称为"数值属性"。

2.1.2　数据相似性度量

一般而言，定义一个距离函数 $d(x, y)$，需要满足下面几个准则：

① $d(x, x) = 0$ 表示到自己的距离为 0。

② $d(x, y) \geqslant 0$ 表示距离非负。

③ $d(x, y) = d(y, x)$ 表示对称性：如果 A 到 B 距离是 a，那么 B 到 A 的距离也应该是 a。

④ $d(x,k)+d(k,y)\geqslant d(x,y)$ 表示三角形法则（两边之和大于第三边）。

数据相似性度量常用的度量方法如下所示：

（1）闵可夫斯基距离

闵可夫斯基距离是欧氏空间中的一种测度，被看作欧氏距离和曼哈顿距离的一种推广。其计算公式如下：

$$d_{12}=\sqrt[p]{\sum_{k=1}^{n}\mid x_{1k}-x_{2k}\mid^{p}}$$

其中，p 是一个可变参数。当 $p=1$ 时，就是曼哈顿距离；当 $p=2$ 时，就是欧氏距离；当 $p\to\infty$ 时，就是切比雪夫距离。

闵可夫斯基距离比较直观，但是它与数据的分布无关，具有一定的局限性。闵氏距离的缺点主要有两个：

① 将各个分量的量纲（scale）进行相同的看待；

② 没有考虑各个分量的分布。

（2）欧氏距离

在数学中，欧几里得距离或欧几里得度量是欧几里得空间中两点间"普通"（即直线）距离。使用这个距离，欧氏空间成为度量空间。相关联的范数称为欧几里得范数。较早的文献称之为毕达哥拉斯度量。

欧氏距离在二维空间下的计算公式：

$$\rho=\sqrt{(x_{2}-x_{1})^{2}+(y_{2}-y_{1})^{2}}$$

欧氏距离在 n 维空间下的计算公式：

$$d(x,y)=\sqrt{(x_{1}-y_{1})^{2}+(x_{2}-y_{2})^{2}+\cdots+(x_{n}-y_{n})^{2}}$$
$$=\sqrt{\sum_{i=1}^{n}(x_{i}-y_{i})^{2}}$$

欧氏距离在二维空间及 n 维空间下的计算公式如上所示。欧氏距离变换在数字图像处理中的应用范围很广泛，尤其对于图像的骨架提取，是一个很好的参照。

（3）曼哈顿距离

曼哈顿距离（Manhattan distance）或出租车几何是由 19 世纪的赫尔曼·闵可夫斯基所创词汇，是一种在几何度量空间使用的几何学用语，用以标明两个点在标准坐标系上的绝对轴距总和。

如图 2.1 所示，图中----代表曼哈顿距离，———代表欧氏距离，也就是直线距离，而 ⌐ 和..........代表等价的曼哈顿距离。曼哈顿距离——两点在南北方向上的距离加上在东西方向上的距离。对于一个具有正南正北、正东正西方向规则布局的城镇街道，从一点到达另一点的距离正是在南北方向上旅行的距离加上在东西方向上旅行的距离,因此,曼哈顿距离又称为出租车距离。曼哈顿距离不是距离不变量,当坐标轴变动时,点间的距离就会不同。在早期的计算机图形学中,屏幕是由像素构成的,是整数,点的坐标一般也是整数,原因是浮点运算很慢而且有误差。如果直接使用 AB 的欧氏距离(欧几里得距离:在二维和三维空间中的欧氏距离就是两点之间的距离),则必须要进行浮点运算,如果使用 AC 和 CB,则只要计算加减法即可,这就大大提高了运算速度,而且不管累计运算多少次,都不会有误差。

不同距离介绍

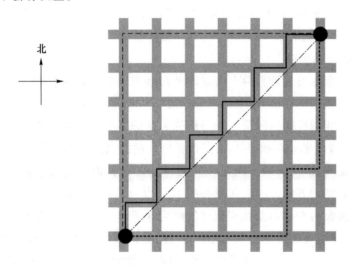

图 2.1　曼哈顿距离示意图

（4）切比雪夫距离

在数学中,切比雪夫距离(或是 L_∞ 度量)是向量空间中的一种度量,两个点之间的距离定义是其各坐标数值差绝对值的最大值。以数学的观点来看,切比雪夫距离是由一致范数(uniform norm)(或称为上确界范数)所衍生的度量,也是超凸度量(injective metric space)的一种。

在二维空间下,和一点的曼哈顿距离 L_1 为定值 r 的点会形成一个正方形,而且正方形的边和坐标轴会有 $\pi/4(45°)$ 的夹角,因此平面的切比雪夫距离可以视为平面曼哈顿距离旋转再放大后的结果。

（5）海明距离

在信息编码中,两个合法代码对应位上编码不同的位数称为码距,又称海明距离。举例如下:10101 和 00110 从第一位开始依次有第一位、第四、第五位不同,则海明距离为 3。一个有效编码集中,任意两个码字的海明距离的最小值称为该编码集的海明距离。

海明距离的几何意义如下:

n 位的码字可以用 n 维空间的超立方体的一个顶点来表示。两个码字之间的海明距离就是超立方体两个顶点之间的一条边，而且是这两个顶点之间的最短距离。

海明距离用于编码的检错和纠错。为了检测 d 个错误，需要一个海明距离为 $d+1$ 的编码方案。因为在这样的编码方案中，d 个 1 位错误不可能将一个有效码字改编成另一个有效码字。当接收方看到一个无效码字的时候，它就知道已经发生了传输错误。类似地，为了纠正 d 个错误，需要一个距离为 $2d+1$ 的编码方案，因为在这样的编码方案中，合法码字之间的距离足够远，因而即使发生了 d 位变化，则还是原来的码字离它最近，从而可以确定原来的码字，达到纠错的目的。

（6）夹角余弦

夹角余弦通过计算两个向量的夹角余弦值来评估相似度。余弦相似度将向量根据坐标值，绘制到向量空间中，如最常见的二维空间。

余弦相似性通过测量两个向量的夹角的余弦值来度量它们之间的相似性。0 度角的余弦值是 1，而其他任何角度的余弦值都不大于 1；并且其最小值是 -1。从而两个向量之间的角度的余弦值确定两个向量是否大致指向相同的方向。两个向量有相同的指向时，余弦相似度的值为 1；两个向量夹角为 90°时，余弦相似度的值为 0；两个向量指向完全相反的方向时，余弦相似度的值为 -1。此结果与向量的长度无关，仅与向量的指向方向相关。余弦相似度通常用于正空间，因此给出的值为 0 到 1 之间。

夹角余弦的上下界对任何维度的向量空间都适用，而且余弦相似性最常用于高维正空间。例如，在信息检索中，每个词项被赋予不同的维度，而一个维度由一个向量表示，其各个维度上的值对应于该词项在文档中出现的频率。余弦相似度因此可以给出两篇文档在其主题方面的相似度。

另外，它通常用于文本挖掘中的文件比较。此外，在数据挖掘领域中，会用它来度量集群内部的凝聚力。

两个向量间的余弦值可以通过使用欧几里得点积公式求出，如下式所示：

$$a \cdot b = \|a\| \|b\| \cos \theta$$

给定属性向量 $\boldsymbol{A}$ 和 $\boldsymbol{B}$，其余弦相似性 θ 由点积和向量长度给出，余弦距离计算公式如下所示：

$$\text{similarity} = \cos \theta = \frac{\boldsymbol{A} \cdot \boldsymbol{B}}{\|\boldsymbol{A}\| \|\boldsymbol{B}\|} = \frac{\sum_{i=1}^{n} A_i \times B_i}{\sqrt{\sum_{i=1}^{n} (A_i)^2} \times \sqrt{\sum_{i=1}^{n} (B_i)^2}}$$

给出的相似性范围从－1 到 1：－1 表示两个向量指向的方向正好截然相反,1 表示它们的指向是完全相同的,0 表示它们之间是独立的,而在这之间的值则表示中间的相似性或相异性。

对于文本匹配,属性向量 **A** 和 **B** 通常是文档中的词频向量。余弦相似性,可以被看作是在比较过程中把文件长度正规化的方法。在信息检索的情况下,由于一个词的频率(TF-IDF 权)不能为负数,所以这两个文档的余弦相似性范围从 0 到 1。并且,两个词的频率向量之间的角度不能大于 90°。

(7) 信息熵

信息是物质、能量、信息及其属性的标示,也是事物现象及其属性标识的集合。熵的概念源自热物理学。假定有两种气体 a、b,当两种气体完全混合时,可以达到热物理学中的稳定状态,此时熵最高。如果要实现反向过程,即将 a、b 完全分离,在封闭的系统中是没有可能的。只有外部干预(信息),也即系统外部加入某种有序化的东西(能量),使得 a、b 分离。这时,系统进入另一种稳定状态,此时,信息熵最低。热物理学证明,在一个封闭的系统中,熵总是增大,直至最大。若要使系统的熵减少(使系统更加有序化),则必须有外部能量的干预。

1948 年,香农提出了"信息熵"的概念,解决了对信息的量化度量问题。信息熵这个词是 C. E. 香农从热力学中借用过来的。热力学中的热熵是表示分子状态混乱程度的物理量。香农用信息熵的概念来描述信源的不确定度。

信息熵的计算是非常复杂的。而具有多重前置条件的信息,更是几乎不能计算的。所以在现实世界中信息的价值大多是不能被计算出来的。但因为信息熵和热力学熵的紧密相关性,所以信息熵是可以在衰减的过程中被测定出来的。因此信息的价值是通过信息的传递体现出来的。在没有引入附加价值(负熵)的情况下,传播得越广、流传时间越长的信息越有价值。

通常,一个信源发送出什么符号是不确定的,衡量它可以根据其出现的概率来度量。概率大,出现机会多,不确定性小;反之不确定性就大。

不确定性函数 f 是概率 P 的减函数;两个独立符号所产生的不确定性应等于各自不确定性之和,即 $f(P_1,P_2)=f(P_1)+f(P_2)$,这称为可加性。同时满足这两个条件的函数 f 是对数函数,如下所示:

$$f(P)=\lg\frac{1}{p}=-\lg p$$

在信源中,考虑的不是某一单个符号发生的不确定性,而是要考虑这个信源所有可能发生情况的平均不确定性。若信源符号有 n 种取值:U_1,

$U_i, \cdots, U_n$,对应概率为：$P_1, P_i, \cdots, P_n$,且各种符号的出现彼此独立。这时,信源的平均不确定性应当为单个符号不确定性的统计平均值(E),可称为信息熵,如下所示：

$$H(U) = E[-\lg p_i] = -\sum_{i=1}^{n} p_i \lg p_i$$

式中,对数一般取 2 为底,单位为比特。但是,也可以取其他对数底,采用其他相应的单位,它们间可用换底公式换算。

最简单的单符号信源仅取 0 和 1 两个元素,即二元信源,其概率为 P 和 $Q = 1 - P$。

离散信源的信息熵具有：

① 非负性：即收到一个信源符号所获得的信息量应为正值,$H(U) \geqslant 0$。

② 对称性：即对称于 $P = 0.5$。

③ 确定性：$H(1,0) = 0$,即 $P = 0$ 或 $P = 1$ 已是确定状态,所得信息量为零。

④ 极值性：因 $H(U)$ 是 P 的上凸函数,且一阶导数在 $P = 0.5$ 时等于 0,所以当 $P = 0.5$ 时,$H(U)$ 最大。

对连续信源,香农给出了形式上类似于离散信源的连续熵,虽然连续熵 $H_c(U)$ 仍具有可加性,但不具有信息的非负性,已不同于离散信源。$H_c(U)$ 不代表连续信源的信息量。连续信源取值无限,信息量是无限大,而 $H_c(U)$ 是一个有限的相对值,又称相对熵。但是,在取两熵的差值为互信息时,它仍具有非负性。这与力学中势能的定义相仿。

2.2 数 据 特 征

使用统计量来检查数据特征,主要是检查数据的集中程度、离散程度和分布形状,通过这些统计量可以识别数据集整体上的一些重要性质,对后续的数据分析,有很大的参考作用。

用于描述数据的基本统计量主要分为三类,分别是中心趋势统计量、散布程度统计量和分布形状统计量。

(1) 中心趋势统计量

中心趋势统计量是指表示位置的统计量,直观地说,给定一个属性,它的值大部分落在何处？

均值(mean)又称算数平均数,描述数据总和除以总个数所得的平均位置,数学表达式：mean $= \sum x/n$。

对于倾斜(非对称)的数据,能够更好地描述数据中心的统计量是中位数(median),中位数是有序数据值的中间值,中位数可避免极端数据,代表着数据总体的中等情况。例如,从小到大排序,总数是奇数,取中间的数,总数是偶数,取中间两个数的平均数。

众数(mode)是变量中出现频率最大的值,通常用于对定性数据确定众数。例如,用户状态(正常,欠费停机,申请停机,拆机、消号),该变量的众数是"正常",这种情况是正常的。

(2)散布程度统计量

度量数据离散程度的统计量主要是标准差和四分位极差。

标准差用于度量数据分布的离散程度,低标准差意味着数据观测趋向于靠近均值,高标准差表示数据散布在一个大的值域中。

极差(range),也称作值域,是一组数据中的最大值和最小值的差,range=Max-Min。

(3)分布形状统计量

分布形状使用偏度系数和峰度系数来度量,偏度是用于衡量数据分布对称性的统计量:通过对偏度系数的测量,我们能够判定数据分布的不对称程度以及方向。对于正态分布(或严格对称分布)偏度等于0;若偏度为负,则 x 均值左侧的离散度比右侧强;若偏度为正,则 x 均值左侧的离散度比右侧弱。

2.3 数据预处理

2.3.1 数据质量

数据质量管理是指为了满足信息利用的需要,对信息系统的各个信息采集点进行规范,包括建立模式化的操作规程、原始信息的校验、错误信息的反馈、矫正等一系列的过程。

数据质量管理可分为人工比对、程序比对、统计分析三个层次。

(1)人工比对

为了检查数据的正确性,测试人员打开相关数据库,对转换前和转换后的数据进行直接比对,发现其不一致性,通知相关人员进行纠正。

(2)程序比对

为了自动化地检查数据的质量,更好地进行测试对比,程序员编写查询比对程序给测试人员使用。测试人员使用此程序对转换前和转换后的数据进行比对,发现其不一致性,通知相关人员进行纠正。

（3）统计分析

为了更加全面地从总体上检查数据的质量,需要通过统计分析的方法,主要通过对新旧数据不同角度、不同视图的统计对数据转换的正确程度进行量化的分析,发现其在某个统计结果的不一致性,通知相关人员进行纠正。

2.3.2 数据预处理步骤

常见的数据预处理步骤包括:数据清洗、数据集成、数据变换、数据规约。

1. 数据清洗

数据清洗的目的不只是消除错误、冗余和数据噪音,还要将按不同的、不兼容的规则所得的各种数据整合起来。不符合要求的数据主要有不完整的数据、错误的数据、重复的数据三大类。

按实现方式与范围,数据清洗可分为如下 4 种。

（1）手工实现

通过人工检查,只要投入足够的人力、物力、财力,也能发现所有错误,但效率低下。在大数据量的情况下,几乎是不可能的。

（2）通过专门编写的应用程序

这种方法能解决某个特定的问题,但不够灵活,特别是在清理过程需要反复进行（一般来说,数据清理一遍就达到要求的很少）时,导致程序复杂,清理过程变化时,工作量大。这种方法也没有充分利用目前数据库提供的强大数据处理能力。

（3）解决某类特定应用域的问题

比如根据概率统计学原理查找数值异常的记录,对姓名、地址、邮政编码等进行清理。这是目前研究得较多的领域,也是应用最成功的一类,如商用系统 Trillinm Software、System Match Maketr 等。

（4）与特定应用领域无关的数据清理

这一部分的研究主要集中在清理重复的记录上,如 Data Cleanser Data Blade Module、Integrity 系统等。

这 4 种实现方法中,后两种因具有某种通用性,而引起了越来越多的注意。但是不管哪种方法,大致都由三个阶段组成:①数据分析、定义错误类型;②搜索、识别错误记录;③修正错误。

第一阶段,尽管已有一些数据分析工具,但仍以人工分析为主。错误类型分为两大类:单数据源和多数据源,它们又各分为结构级错误和记录级错误。这种分类非常适合于解决数据仓库中的数据清理问题。

第二阶段,有两种基本的思路用于识别错误:一种是发掘数据中存在的模式,然后利用这些模式清理数据;另一种是基于数据的,根据预定义的清理规则,查找不匹配的记录。后者用得更多。

第三阶段,某些特定领域能够根据发现的错误模式,编制程序或借助于外部标准源文件、数据字典一定程度上修正错误;对数值字段,有时能根据数理统计知识自动修正,但经常须编制复杂的程序或借助于人工干预完成。绝大部分数据清理方案提供接口用于编制清理程序。它们一般来说包括很多耗时的排序、比较、匹配过程,且这些过程多次重复,用户必须等待较长时间。在一个交互式的数据清理过程中,系统将错误检测与清理紧密结合起来,用户能通过直观的图形化界面一步步地指定清理操作,且能立即看到此时的清理结果,不满意清理效果时还能撤销上一步的操作,最后将所有清理操作编译执行。这种方案对清理循环错误非常有效。

许多数据清理工具提供了描述性语言解决用户友好性,降低用户编程复杂度。例如,ARKTOS 方案提供了 XADL 语言(一种基于预定义的 DTD 的 XML 语言)、SADL 语言,在 ATDX 提供了一套宏操作(来自于 SQL 语句及外部函数),一种 SQL2Like 命令语言,这些描述性语言都在一定程度上减轻了用户的编程难度,但各系统一般不具有互操作性,不能通用。数据清理属于一个较新的研究领域,直接针对这方面的研究并不多,中文数据清理更少。现在的研究主要为解决两个问题:发现异常、清理重复记录。

2. 数据集成

将多个数据源中的数据合并,并存放到一个一致的数据存储(如数据仓库)中。这些数据源可能包括多个数据库、数据立方体或一般文件。

数据集成的数据源主要指 DBMS,广义上也包括各类 XML 文档、HTML 文档、电子邮件、普通文件等结构化、半结构化信息。数据集成是信息系统集成的基础和关键。好的数据集成系统要保证用户以低代价、高效率使用异构的数据。要实现这个目标,必须解决数据集成中的一些难题。

数据集成的难点可以归纳为以下三个方面:

(1)异构性。被集成的数据源通常是独立开发的,数据模型异构,给集成带来很大困难。这些异构性主要表现在:数据语义、相同语义数据的表达形式、数据源的使用环境等。

（2）分布性。数据源是异地分布的,依赖网络传输数据,这就存在网络传输的性能和安全性等问题。

（3）自治性。各个数据源有很强的自治性,它们可以在不通知集成系统的前提下改变自身的结构和数据,给数据集成系统的鲁棒性提出挑战。

数据源的异构性一直是困扰很多数据集成系统的核心问题,也是人们在数据集成方面研究的热点。异构性的难点主要表现在语法异构和语义异构上。语法异构一般指源数据和目的数据之间命名规则及数据类型存在不同。对数据库而言,命名规则指表名和字段名。语法异构相对简单,只要实现字段到字段、记录到记录的映射,解决其中的名字冲突和数据类型冲突。这种映射都很直接,比较容易实现。因此,语法异构无须关心数据的内容和含义,只要知道数据结构信息,完成源数据结构到目的数据结构之间的映射就可以了。

当数据集成要考虑数据的内容和含义时,就进入到语义异构的层次上。语义异构要比语法异构复杂得多,它往往是需要破坏字段的原子性,即需要直接处理数据内容。常见的语义异构包括以下一些方式:字段拆分、字段合并、字段数据格式变换、记录间字段转移等。语法异构和语义异构的区别可以追溯到数据源建模时的差异:当数据源的实体关系模型相同,只是命名规则不同时,造成的只是数据源之间的语法异构;当数据源构建实体模型时,若采用不同的粒度划分、不同的实体间关系以及不同的字段数据语义表示,必然会造成数据源间的语义异构,给数据集成带来很大麻烦。

事实上,现实中数据集成系统的语法异构现象是普遍存在的。上面提到的几种语法异构属于较为规则的语法异构,可以用特定的映射方法解决这些问题。还有一些不常见或不易被发现的语法异构,例如数据源在构建时隐含了一些约束信息,在数据集成时,这些约束不易被发现,往往会造成错误的产生。例如,某个数据项用来定义月份,隐含着其值只能在 1～12 之间,而集成时如果忽略了这一约束,很可能造成荒谬的结果。此外,复杂的关系模型也会造成很多语义异构现象。

3. 数据变换

找到数据的特征表示,用维度变换来减少有效变量的数目或找到数据的不变式,包括规格化、规约、切换和投影等操作。

规格化指将元组集按规格化条件进行合并,也就是属性值量纲的归一化处理。规格化条件定义了属性的多个取值到给定虚拟值的对应关系。对于不同的数值属性特点,一般可以分为取值连续和取值离散的数值规格化问题;归约指将元组按语义层次结构进行合并。语义层次结构定义了元组属性值之间的 IS—A 语义关系。规格化和归约能大量减少元组数量,提高计算效率,同时也提高了数据挖掘的起点,使得一个算法能够发现多层次的知识,适应不同应用的需要。还可以用多维立方体(data cube)来组织数据,采用数据仓库技术中的切换、旋转和投影技术,把初始的数据集按照不同的层次、粒度和维度进行抽象和泛化,从而生成不同抽象级别上的数据集。

数据变换包含以下处理内容:

(1) 平滑处理。该过程帮助除去数据中的噪声,主要技术方法有 Bin 方法、聚类方法和回归方法。

(2) 合计处理。对数据进行总结或合计(aggregation)操作。例如,每天销售额(数据)可以进行合计操作以获得每月或每年的总额。这样操作常用于构造数据立方体或对数据进行多细度的分析。

(3) 数据泛化处理(gencralization)。所谓泛化处理就是用更抽象(更高层次)的概念来取代低层次或数据层的数据对象。例如,街道属性,就可以泛化到更高层次的概念,如城市、国家。同样对于数值型的属性,如年龄属性,就可以映射到更高层次的概念,如年轻、中年和老年。

(4) 规格化。规格化就是将有关属性数据按比例投射到特定范围之中。例如,将工资收入属性值映射到 0 到 1 之间。

4. 数据规约

在对发现任务和数据本身内容理解的基础上,寻找依赖于发现目标的表达数据的有用特征,以缩减数据模型,从而在尽可能保持数据原貌的前提下最大限度地精简数据量,主要有两个途径:属性选择和数据抽样,分别针对数据库中的属性和记录。

2.4　数据存储

2.4.1　数据库

数据库,简而言之可视为电子化的文件柜——存储电子文件的处所,用户可以对文件中的数据进行新增、截取、更新、删除等操作。所谓"数据库"是以一定方式储存在一起、能与多个用户共享、具有尽可能小的冗余度、与应用程序彼此独立的数据集合。

数据库是按照数据结构来组织、存储和管理数据的仓库,它产生于距今六十多年前,随着信息技术和市场的发展,特别是 20 世纪 90 年代以后,数据管理不再仅仅是存储和管理数据,而转变成用户所需要的各种数据管理的方式。数据库有很多种类型,从最简单的存储有各种数据的表格到能够进行海量数据存储的大型数据库系统都在各个方面得到了广泛的应用。在信息化社会,充分有效地管理和利用各类信息资源,是进行科学研究和决策管理的前提条件。数据库技术是管理信息系统、办公自动化系统、决策支持系统等各类信息系统的核心部分,是进行科学研究和决策管理的重要技术手段。

数据库中的数据是为众多用户所共享其信息而建立的,已经摆脱了具体程序的限制和制约。不同的用户可以按各自的用法使用数据库中的数据;多个用户可以同时共享数据库中的数据资源,即不同的用户可以同时存取数据库中的同一个数据。数据共享性不仅满足了各用户对信息内容的要求,同时也满足了各用户之间信息通信的要求。

数据库的架构可以大致区分为三个概括层次:内层、概念层和外层。

- 内层:最接近实际存储体,亦即有关数据的实际存储方式。
- 概念层:介于两者之间的间接层。
- 外层:最接近用户,即有关个别用户观看数据的方式。

数据库管理系统(database management system,DBMS)是为管理数据库而设计的计算机软件系统,一般具有存储、截取、安全保障、备份等基础功能。数据库管理系统可以依据它所支持的数据库模型来进行分类,如关系式、XML;或依据所支持的计算机类型来进行分类,如服务器群集、移动电话;或依据所用查询语言来进行分类,如 SQL、XQuery;或依据性能冲量重点来进行分类,如最大规模、最高运行速度;亦或其他的分类方式。不论使用哪种分类方式,一些 DBMS 能够跨类别,例如,同时支持多种查询语言。

数据库的主要特点如下。

(1) 实现数据共享

数据共享包含所有用户可同时存取数据库中的数据,也包括用户可以用各种方式通过接口使用数据库,并提供数据共享。

(2) 减少数据的冗余度

同文件系统相比,由于数据库实现了数据共享,从而避免了用户各自建立应用文件,减少了大量重复数据,减少了数据冗余,维护了数据的一致性。

(3) 数据的独立性

数据的独立性包括逻辑独立性(数据库中数据库的逻辑结构和应用

程序相互独立)和物理独立性(数据物理结构的变化不影响数据的逻辑结构)。

（4）数据实现集中控制

文件管理方式中,数据处于一种分散的状态,不同的用户或同一用户在不同处理中其文件之间毫无关系。利用数据库可对数据进行集中控制和管理,并通过数据模型表示各种数据的组织以及数据间的联系。

（5）数据一致性和可维护性,以确保数据的安全性和可靠性

主要包括:①安全性控制(以防止数据丢失、错误更新和越权使用);②完整性控制(保证数据的正确性、有效性和相容性);③并发控制(使在同一时间周期内,允许对数据实现多路存取,又能防止用户之间的不正常交互作用)。

（6）故障恢复

由数据库管理系统提供一套方法,可及时发现故障和修复故障,从而防止数据被破坏。数据库系统能尽快恢复数据库系统运行时出现的故障,可能是物理上或逻辑上的错误。比如对系统的误操作造成的数据错误等。

数据库通常分为层次式数据库、网络式数据库和关系式数据库三种。而不同的数据库是按不同的数据结构来联系和组织的。

网状数据库和层次数据库已经很好地解决了数据的集中和共享问题,但是在数据独立性和抽象级别上仍有很大欠缺。用户在对这两种数据库进行存取时,仍然需要明确数据的存储结构,指出存取路径。而后来出现的关系数据库较好地解决了这些问题。

数据库发展阶段大致划分为如下的几个阶段:人工管理阶段、文件系统阶段、数据库系统阶段、高级数据库阶段。

2.4.2　数据仓库

数据仓库,是为企业所有级别的决策制定过程,提供所有类型数据支持的战略集合。它是单个数据存储,出于分析性报告和决策支持目的而创建。为需要业务智能的企业,提供指导业务流程改进、监视时间、成本、质量以及控制。

数据仓库系统的主要应用是 OLAP(On-Line Analytical Processing),支持复杂的分析操作,侧重决策支持,并且提供直观易懂的查询结果。

数据仓库的架构由三层组成。架构的底层是加载和存储数据的数据库服务器。中间层包括用于访问和分析数据的分析引擎。顶层是通过报

告、分析和数据挖掘工具呈现结果的前端客户端。

数据仓库的运作原理如下:将数据整理成描述数据布局和类型(如整数、数据字段或字符串)的 Schema。提取的数据将存储在 Schema 描述的各种表中。查询工具使用 Schema 来确定要访问和分析哪些数据表。

数据仓库的优势包括:

① 更好地进行决策;

② 整合多个来源的数据;

③ 数据质量高、一致且准确;

④ 智能查询历史数据;

⑤ 将分析处理从事务数据库中分离出来,提高了两个系统的性能。

数据仓库与数据库的对比如表 2.1 所示。

表 2.1　数据仓库与数据库的对比

特性	数据仓库	事务数据库
适合的工作负载	分析、报告、大数据	事务处理
数据源	从多个来源收集和标准化的数据	从单个来源(例如事务系统)捕获的数据
数据捕获	批量写入操作通常按照预定的批处理计划执行	针对连续写入操作进行了优化,因为新数据能够最大程度地提高事务吞吐量
数据标准化	非标准化 Schema,如星型 Schema 或雪花型 Schema	高度标准化的静态 Schema
数据存储	使用列式存储进行了优化,可实现轻松访问和高速查询性能	针对在单行型物理块中执行高吞吐量写入操作进行了优化
数据访问	为最小化 I/O 并最大化数据吞吐量进行了优化	大量小型读取操作

2.5　数据分析

2.5.1　统计分析方法

常用的数据分析方法如下。

(1)描述统计

描述性统计是指运用制表和分类,图形以及计算概括性数据来描述数据的集中趋势、离散趋势、偏度、峰度。

缺失值填充:常用方法有剔除法、均值法、最小邻居法、比率回归法、决策树法。

正态性检验:很多统计方法都要求数值服从或近似服从正态分布,所以之前需要进行正态性检验。常用方法有非参数检验的 K-量检验、P-P 图、Q-Q 图、W 检验、动差法。

(2)假设检验

参数检验是在已知总体分布的条件下(要求总体服从正态分布)对一些主要的参数(如均值、百分数、方差、相关系数等)进行的检验。

非参数检验则不考虑总体分布是否已知,常常也不是针对总体参数,而是针对总体的某些常见假设,例如是否满足正态分布等。

适用情况:顺序类型的数据资料,这类数据的分布形态一般是未知的。

主要方法:卡方检验、秩和检验、二项检验、游程检验、K-量检验等。

(3)列联表分析

用于分析离散变量或定型变量之间是否存在相关。

对于二维表,可进行卡方检验;对于三维表,可作 Mentel-Hanszel 分层分析。

列联表分析还包括配对计数资料的卡方检验、行列均为顺序变量的相关检验。

(4)相关性分析

研究现象之间是否存在某种依存关系,对具体有依存关系的现象探讨相关方向及相关程度。一般分为单相关、复相关和偏相关等。

单相关:两个因素之间的相关关系称为单相关,即研究时只涉及一个自变量和一个因变量。

复相关:三个或三个以上因素的相关关系称为复相关,即研究时涉及两个或两个以上的自变量和因变量相关。

偏相关:在某一现象与多种现象相关的场合,当假定其他变量不变时,其中两个变量之间的相关关系称为偏相关。

(5)方差分析

使用条件:各样本必须是相互独立的随机样本;各样本来自正态分布总体;各总体方差相等。

单因素方差分析:一项试验只有一个影响因素,或者存在多个影响因素时,只分析一个因素与响应变量的关系。

（6）回归分析

回归分析是一种用于分析变量之间内在拟合关系的分析方法,根据回归分析的变量个数和形态不同,分为了线性回归、非线性回归和逻辑回归等。

一元线性回归分析:只有一个自变量 X 与因变量 Y 有关,X 与 Y 都必须是连续型变量,因变量 y 或其残差必须服从正态分布。

多元线性回归分析:分析多个自变量与因变量 Y 的关系,X 与 Y 都必须是连续型变量,因变量 y 或其残差必须服从正态分布。

Logistic 回归分析:线性回归模型要求因变量是连续的正态分布变量,且自变量和因变量呈线性关系,而 Logistic 回归模型对因变量的分布没有要求,一般用于因变量是离散时的情况。

Logistic 回归模型有条件与非条件之分,条件 Logistic 回归模型和非条件 Logistic 回归模型的区别在于参数的估计是否用到了条件概率。

其他回归方法:非线性回归、有序回归、Probit 回归、加权回归等。

（7）聚类分析

样本个体或指标变量按其具有的特性进行分类,寻找合理的度量事物相似性的统计量。常见的 K-Means 方法就属于聚类分析的范畴。

（8）判别分析

判别分析主要根据已掌握的分类明确的样品集合建立判别函数,使产生错判的事例最少,进而对给定的一个新样品,判断它来自哪个总体。

（9）主成分分析

探究数据特征中的关系,将存在相关关系的一组特征变化转化为相互独立的一组新的特征变量,并用其中较少的几个新特征变量就能综合反映原多个特征中所包含的主要信息。

（10）时间序列分析

针对基于时间而动态变化的数据的统计方法,研究随机数据序列遵从的统计规律,用以解决实际问题,如时序预测问题。典型的时间序列通常由 4 种要素组成:趋势、规律变动、循环波动和不规则波动等。

常见的时间序列分析方法包括:指数平滑法、ARIMA 模型等。

（11）生存分析

用来研究生存时间的分布规律以及生存时间和相关因素之间关系的一种统计分析方法。

（12）典型相关分析

相关分析一般分析两个变量之间的关系,而典型相关分析是分析两组变量(如 3 个学术能力指标与 5 个在校成绩表现指标)之间相关性的一种统计分析方法。典型相关分析的基本思想和主成分分析的基本思想相似，它将一组变量与另一组变量之间单变量的多重线性相关性研究转化为对少数几对综合变量之间的简单线性相关性的研究，并且这少数几对变量所包含的线性相关性的信息几乎覆盖了原变量组所包含的全部相应信息。

（13）其他分析方法

多重响应分析、距离分析、项目分析、对应分析、决策树分析、神经网络、系统方程、蒙特卡洛模拟等。

2.5.2 数据挖掘

数据挖掘简介

数据挖掘是一个跨学科的计算机科学分支。它是用人工智能、机器学习、统计学和数据库的交叉方法在相对较大型的数据集中发现模式的计算过程。数据挖掘过程的总体目标是从一个数据集中提取信息，并将其转换成可理解的结构，以进一步使用。

数据挖掘也是一门交叉学科，覆盖了统计学、计算机程序设计、数学与算法、数据库、机器学习、市场营销、数据可视化等领域的理论和实践成果。

数据挖掘涉及六类常见的任务。

（1）异常检测（异常/变化/偏差检测）

识别不寻常的数据记录，错误数据需要进一步调查。

异常检测的基本思想：若发生了小概率事件，就认为出现了异常。

常用的异常检测方法是利用高斯密度函数，计算数据出现的概率，如果发现了概率小于某个阈值的数据，就认为该数据是异常的。

异常检测也是一种模式二分类方法，但两类数据严重不平衡，异常数据要显著少于正常数据。异常检测通常只需要对正常数据进行建模。

异常检测还可以用于数据清洗或剪枝，减少过拟合提升性能。

（2）关联规则学习（依赖建模）

搜索变量之间的关系。例如，一个超市可能会收集顾客购买习惯的数据。运用关联规则学习，超市可以确定哪些产品经常一起买，并利用这些信息帮助营销。这被称为市场购物篮分析。

关联规则是形如 $X \rightarrow Y$ 的蕴含表达式，其中 X 和 Y 是不相交的项集。即 $X \cap Y = \varnothing$。关联规则的强度可以用它的支持度（support）和置信度（confidence）度量。支持度确定规则可以用于给定数据集的频繁程度。而置信度确定 Y 在包含 X 的事务中出现的频繁程度。

支持度是一种重要度量,因为支持度很低的规则可能只是偶然出现。从商务角度来看,低支持度的规则多半也是无意义的,因为对顾客很少同时购买的商品进行促销可能好处也并不大。因此,支持度通常用来删去那些无意义的规则。此外,支持度还有一种期望的性质,可以用于关联规则的有效发现。

置信度度量通过规则进行推理具有可靠性。对于给定的规则 $X \rightarrow Y$,置信度越高,Y 在包含 X 的事务中出现的可能性就越高。

大部分关联规则挖掘算法通常采用的一种策略是,将关联规则挖掘任务分解成如下两个子任务。

① 频繁项集产生:其目标是发现满足最小支持度阈值的所有项集,这些项集被称为频繁项集。

② 规则的产生:其目标是从上一步发现的频繁项集中提取所有高置信度的规则,这些规则称为强规则。

(3)聚类

聚类是一种包括数据点分组的机器学习技术。给定一组数据点,我们可以用聚类算法将每个数据点分到特定的组中。理论上,属于同一组的数据点应该有相似的属性和/或特征,而属于不同组的数据点应该有非常不同的属性和/或特征。聚类是一种无监督学习的方法,是一种在许多领域常用的统计数据分析技术,是在未知数据的结构下,发现数据的类别与结构。

数据聚类算法可以分为结构性或者分散性。结构性算法利用以前成功使用过的聚类器进行分类,而分散性算法则是一次确定所有分类。结构性算法可以从上至下或者从下至上双向进行计算。从下至上算法从每个对象作为单独分类开始,不断融合其中相近的对象。而从上至下算法则是把所有对象作为一个整体分类,然后逐渐分小。

(4)分类

分类是对新的数据推广已知的结构的任务。例如,一个电子邮件程序可能试图将一个电子邮件分类为"合法的邮件"或"垃圾邮件"。

(5)回归

试图找到能够以最小误差对该数据建模的函数。

回归分析(regression analysis)是确定两种或两种以上变量间相互依赖的定量关系的一种统计分析方法,运用十分广泛。回归分析按照涉及的变量的多少,分为一元回归分析和多元回归分析;按照自变量的多少,分为简单回归分析和多重回归分析;按照自变量和因变量之间的关系类型,分为线性回归分析和非线性回归分析。如果在回归分析中,只包括一个自变量和一个因变量,且二者的关系可用一条直线近似表示,这种回归分析称为一元线性回归分析。如果回归分析中包括两个或两个以上的自变量,且自变量之间存在线性相关,则称为多重线性回归分析。

回归分析是对具有因果关系的影响因素(自变量)和预测对象(因变量)所进行的数理统计分析处理。只有当自变量与因变量确实存在某种关系时,建立的回归方程才有意义。因此,作为自变量的因素与作为因变量的预测对象是否有关,相关程度如何,以及判断这种相关程度的把握性多大,就成为进行回归分析必须要解决的问题。进行相关分析,一般要求出相关关系,以相关系数的大小来判断自变量和因变量的相关的程度。

在大数据分析中,回归分析是一种预测性的建模技术,它研究的是因变量(目标)和自变量(预测器)之间的关系。这种技术通常用于预测分析,时间序列模型以及发现变量之间的因果关系。例如,司机的鲁莽驾驶与道路交通事故数量之间的关系,最好的研究方法就是回归。

应用回归预测法时应首先确定变量之间是否存在相关关系。如果变量之间不存在相关关系,对这些变量应用回归预测法就会得出错误的结果。

正确应用回归分析预测时应注意:

① 用定性分析判断现象之间的依存关系;

② 避免回归预测的任意外推;

③ 应用合适的数据资料。

(6) 汇总

提供了一个更紧凑的数据集表示,包括生成可视化和报表。

本 章 小 结

本章通过对数据进行介绍,力争使读者了解数据特征、数据预处理、数据存储等基本概念。

习　　题

(1) 数据属性包括哪些类型?

(2) 数据预处理的作用是什么?

(3) 数据分析包括哪些典型方法?

第3章

数据可视化基础

数据可视化(data visualization)被许多学科视为与视觉传达含义相同的现代概念。它涉及数据可视化表示的创建和研究。

为了清晰有效地传递信息,数据可视化使用统计图形、图表、信息图表和其他工具。可以使用点、线或条对数字数据进行编码,以便在视觉上传达定量信息。有效的可视化可以帮助用户分析和推理数据和证据。它使复杂的数据更容易理解和使用。用户可能有特定的分析任务(如进行比较或理解因果关系),以及该任务要遵循的图形设计原则。表格通常用于用户查找特定的度量,而各种类型的图表用于显示一个或多个变量的数据中的模式或关系。

本章将通过数据可视化历史、数据可视化流程、数据处理、可视化编码等介绍数据可视化涉及的基本概念和过程。

3.1 数据可视化历史

数据可视化大致可以分为 9 个历史时期。

1. 17 世纪前:早期地图与图表

在 17 世纪以前人类研究的领域有限,总体数据量处于较少的阶段,因此几何学通常被视为可视化的起源,数据的表达形势也较为简单。但随着人类知识的增长,活动范围不断扩大,为了能有效探索其他地区,人们开始汇总信息绘制地图。16 世纪用于精确观测和测量物理量以及地理和天体位置的技术和仪器得到了充分发展,尤其在 W. Snellius 于 1617 年首创三角测量法后,绘图变得更加精确,形成更加精准的视觉呈现方式。由于宗教等因素,人类对天文学的研究开始较早。一位不知名的天文学家于 l0 世纪创作了描绘 7 个主要天体时空变化的多重时间序列图(如图 3.1 所示),图中已经存在很多现代统计图形的元素坐标轴,网格图系统,平行坐标和时间序列。

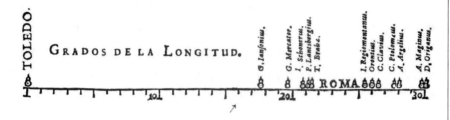

图 3.1　世界上第一张统计数据可视化图表

此时期,数据可视化作品的密度较低,还处于萌芽阶段。根本原因是因为当时数据总量较少,各科学领域也处于初级阶段,所以可视化的运用还较为单一,系统化程度也较低。

2. 1600—1699 年:测量与理论

更为准确的测量方式在 17 世纪得到了更为广泛的使用,大航海时代,欧洲的船队出现在世界各处的海洋上,发展欧洲新生的资本主义,这对于地图制作、距离和空间的测量都产生了极大的促进作用。同时,伴随着科技的进步以及经济的发展,数据的获取方式主要集中于时间、空间、距离的测量上,对数据的应用集中于制作地图和天文分析(开普勒的行星运动定律 1609)上。

此时,笛卡儿发展出了解析几何和坐标系,在两个或者三个维度上进行数据分析,成为数据可视化历史中重要的一步。同时,早期概率论(Pierre de Fermat 与 Pierre Laplace)和人口统计学(John Graunt)研究开始出现。这些早期的探索,开启了数据可视化的大门,数据的收集、整理和绘制开始了系统性的发展。在此时期,由于科学研究领域的增多,数据总量大大增加,出现了很多新的可视化形式。人们在完善地图精度的同时,不断在新的领域使用可视化方法处理数据。此时期,启动"视觉思维"的必要元素已经准备就绪。

3. 1700—1799 年:新的图形形式

18 世纪可以说是科学史承上启下的时代,英国工业革命、牛顿对天体的研究,以及后来微积分方程等的建立,都推动着数据向精准化以及量化的阶段发展,统计学研究的需求也愈发显著,用抽象图形的方式来表示数据的想法也不断成熟。此时,经济学中出现了类似当今柱状图的线图表述方式,英国神学家 Joseph Priestley 也尝试在历史教育上使用图的形式介绍不同国家在各个历史时期的关系。法国人 Marcellin Du Carla 绘制了等高线图,用一条曲线表示相同的高程,对于测绘、工程和军事有着重大的意义,成为地图的标准形式之一。

　　数据可视化发展中的重要人物 William Playfair 在 1765 年创造了第一个时间线图(如图 3.2 所示),其中单个线用于表示人的生命周期,整体用于比较多人的生命跨度。这些时间线启发他发明了条形图以及其他一些我们至今仍常用的图形,如饼图、时序图等。他的这一思想可以说是数据可视化发展史上一次新的尝试——用新的形式表达了尽可能多且直观的数据。

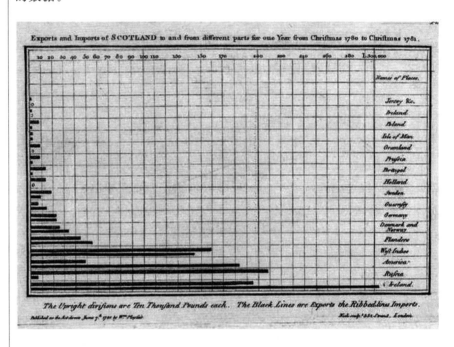

图 3.2　William Playfair 创造的第一张柱状图

　　随着对数据系统性的收集以及科学的分析处理,18 世纪数据可视化的形式已经接近当代科学使用的形式,条形图和时序图等可视化形式的出现体现了人类数据运用能力的进步。随着数据在经济、地理、数学等领域不同应用场景的应用,数据可视化的形式变得更加丰富,也预示着现代化的信息图形时代的到来。

4. 1800—1849 年:现代信息图形设计的开端

　　19 世纪上半叶,受到 18 世纪的视觉表达方法创新的影响,统计图形和专题绘图领域出现爆炸式的发展,目前已知的几乎所有形式的统计图形都是在此时被发明的。在此期间,数据的收集整理范围明显扩大,由于政府加强对人口、教育、疾病等领域的关注,大量社会管理方面的数据被收集用于分析。1801 年英国地质学家 William Smith 绘制了第一幅地质图,引领了一场在地图上表现量化信息的潮流,也被称为"改变世界的地图"。

这一时期,数据的收集整理从科学技术和经济领域扩展到社会管理领域,对社会公共领域数据的收集标志着人们开始以科学手段进行社会研究。与此同时科学研究对数据的需求也变得更加精确,研究数据的范围也有明显扩大,人们开始有意识地使用可视化的方式尝试研究、解决更广泛领域的问题。

5. 1850—1899 年:数据制图的黄金时期

在 19 世纪上半叶末,数据可视化领域开始了快速的发展,随着数字信息对社会、工业、商业和交通规划的影响不断增大,欧洲开始着力发展数据分析技术。高斯和拉普拉斯发起的统计理论给出了更多种数据的意义,数据可视化迎来了历史上第一个黄金时代。

统计学理论的建立是拘束可视化发展的重要一步,此时数据的来源也变得更加规范化,由政府机构进行采集。随着社会统计学的影响力越来越大,在 1857 年维也纳的统计学国际会议上,学者就已经开始对可视化图形的分类和标准化进行讨论。不同数据图形开始出现在书籍、报刊、研究报告和政府报告等正式场合之中。这一时期法国工程师 Charles Joseph Minard 绘制了多幅有意义的可视化作品,被称为"法国的 Playfair",他最著名的作品是用二维的表达方式,展现 6 种类型的数据,用于描述拿破仑战争时期军队损失的统计图,如图 3.3 所示。

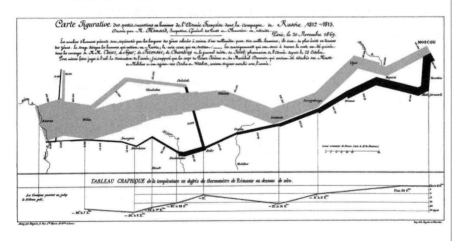

图 3.3　Charles Joseph Minard 绘制的拿破仑军队损失图

1879 年,Luigi Perozzo 绘制了一张 1750—1875 年瑞典人口普查数据图,以金字塔形式呈现了人口变化的三维立体图,此图与之前的可视化形式有一个明显的区别:开始使用三维的形式,并使用彩色表示了数据值之间的区别,提高了视觉感知。

在对这一时期可视化历史的探究中发现,数据来源的官方化以及对数据价值的认同,成为可视化快速发展的决定性因素,如今几乎所有的常见可视化元素都已经出现。并且这一时期出现的三维数据表达方式,这种创造性的成果对后来的研究有十分突出的作用。

6. 1900—1949 年:现代休眠期

20 世纪的上半叶,随着数理统计这一新数学分支的诞生,追求数理统计严格的数学基础并扩展统计的疆域成为这个时期统计学家们的核心任务。数据可视化成果在这一时期得到了推广和普及,并开始被用于尝试着解决天文学、物理学、生物学的理论新成果,Hertzsprung-Russell 绘制的温度与恒星亮度图成为近代天体物理学的奠基石之一;伦敦地铁线路图的绘制形式如今依旧在沿用;E. W. Maunder 的"蝴蝶图"用于研究太阳黑子随时间的变化。

然而,这一时期人类收集、展现数据的方式并没有得到根本上的创新,统计学在这一时期也没有大的发展,所以整个 20 世纪上半叶都是休眠期。但这一时期的蛰伏与统计学者潜心的研究才让数据可视化在 20 世纪后期迎来了复苏与更快速的发展。

7. 1950—1974 年:复苏期

从 20 世纪上半叶末到 1974 年这一时期被称为数据可视化领域的复苏期,在这一时期引起变革的最重要的因素就是计算机的发明,计算机的出现让人类处理数据的能力有了跨越式的提升。在现代统计学与计算机计算能力的共同推动下,数据可视化开始复苏,统计学家 John W. Tukey 和制图师 Jacques Bertin 成为可视化复苏期的领军人物。

John W. Tukey 在"二战"期间对火力控制进行的长期研究中意识到了统计学在实际研究中的价值,从而发表了有划时代意义的论文"The Future of Data Analysis",成功地让科学界将探索性数据分析(EDA)视为不同于数学统计的另一独立学科,并在 20 世纪后期首次采用了茎叶图、盒形图等新的可视化图形形式,成为可视化新时代的开启性人物。Jacques Bertin 发表了他里程碑式的著作 *Semiologie Graphique*。这部书从数据的联系和特征出发,组织图形的视觉元素,为信息的可视化提供了一个坚实的理论基础。

随着计算机的普及,20 世纪 60 年代末,各研究机构就逐渐开始使用计算机程序取代手绘的图形。由于计算机的数据处理精度和速度具有强大的优势,高精度分析图形就已不能用手绘制。在这一时期,数据缩减图、多维标度法 MDS、聚类图、树形图等更为新颖复杂的数据可视化形式开始出现。人们开始尝试着在一张图上表达多种类型的数据,或用新的形式表现数据之间的复杂关联,这也成为现今数据处理应用的主流方向。数据和计算机的结合促使数据可视化迎来了新的发展阶段。

8. 1975—2011 年:动态交互式数据可视化

在这一阶段计算机成为数据处理必要的成分,数据可视化进入了新的黄金时代,随着应用领域的增加和数据规模的扩大,更多新的数据可视化需求逐渐出现。20 世纪 70 年代到 80 年代,人们主要尝试使用多维定量数据的静态图来表现静态数据,80 年代中期动态统计图开始出现,最终在 20 世纪末两种方式开始合并,试图实现动态的、可交互的数据可视化,于是动态交互式的数据可视化方式成为新的发展主题。

数据可视化的这一时期的最大潜力来自动态图形方法的发展,允许对图形对象和相关统计特性的即时和直接的操纵。早期就已经出现为了实时地与概率图(Fowlkes,1969)进行交互的系统,通过调整控制来选择参考分布的形状参数和功率变换。这可以看作动态交互式可视化发展的起源,推动了这一时期数据可视化的发展。

9. 2012 至今:大数据时代

在 2003 年全世界创造了 5EB 的数据量时,人们就逐渐开始对大数据的处理进行重点关注。发展到 2011 年,全球每天的新增数据量就已经开始以指数倍猛增,用户对于数据的使用效率也在不断提升,数据的服务商也就开始需要从多个维度向用户提供服务,大数据时代就此正式开启。

2012 年,我们进入数据驱动的时代。掌握数据就能掌握发展方向,因此人们对数据可视化技术的依赖程度也不断加深。大数据时代的到来对数据可视化的发展有着冲击性的影响,试图继续以传统展现形式来表达庞大的数据量中的信息是不可能的,大规模的动态化数据要依靠更有效的处理算法和表达形式才能够传达出有价值的信息,因此大数据可视化的研究成为新的时代命题。

我们在应对大数据时,不但要考虑快速增加的数据量,还需要考虑数据类型的变化,这种数据扩展性的问题需要更深入的研究才能解决;互联网的加入增加了数据更新的频率和获取的渠道,并且实时数据的巨大价值只有通过有效的可视化处理才可以体现,于是在上一历史时期就受到关注的动态交互的技术已经向交互式实时数据可视化发展,是如今大数据可视化的研究重点之一。综上,如何建立一种有效的、可交互式的大数据可视化方案来表达大规模、不同类型的实时数据,成为数据可视化这一学科的主要的研究方向。

3.2　数据可视化流程

所谓数据可视化不是一个算法，而是一个流程。如图 3.4 所示，数据可视化流程以数据流为主线，包括数据采集、数据处理和变换、可视化映射、用户感知等。可视化的过程可以看作是数据流经过一系列的处理模块并得到变换的过程。

数据可视化
流程

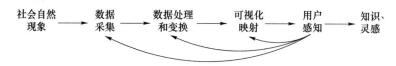

图 3.4　数据可视化流程概念图

图 3.4 涉及以下几个部分。

（1）数据采集

通过仪器采样、调查记录、模拟计算。数据的采集直接决定了数据的格式、维度、尺寸、分辨率和精确度等重要性质，并在很大程度上决定了可视化结果的质量。

（2）数据处理和变换

作为数据可视化的前期处理过程，包含去噪、数据清洗、特征提取等过程。

（3）可视化映射

是数据可视化流程的核心。将数据的数值、空间坐标、不同位置数据间的联系等映射为可视化视觉通道的不同元素，如标记、位置、形状、大小和色彩等。映射的目的在于让最终用户通过可视化洞察数据和数据背后隐含的现象和规律。

（4）用户感知

用户从数据可视化结果中提取信息、知识和灵感。用户的任务可分成三类：生成假设、验证假设和视觉呈现。交互可以发生在可视化流程的各个阶段。

除上述的简明流程外，还有一些较为具体的可视化流程，具体包括以下几种。

（1）科学可视化流程

如图 3.5 所示，科学可视化流程于 1990 年由 Robert B. Haber 和

David A. Mc Nabb 提出,这个处理模型非常先进,整个流程是线性的。它把数据分成五大阶段,分别要经历四个流程,每个过程的输入是上一个过程的输出。

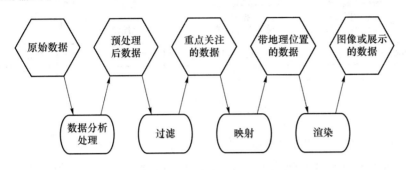

图 3.5　科学可视化流程

（2）回路模型

我们知道很多事都不是一蹴而就的,需要不断迭代,数据可视化同样如此,对于数据的可视化过程往往是一个循环迭代的过程,所以有人提出了回路模型,如图 3.6 所示。

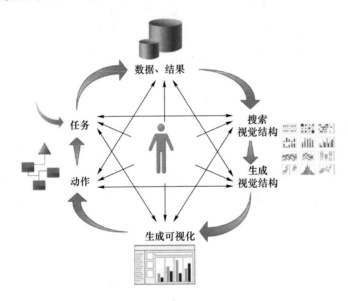

图 3.6　回路模型

（3）信息可视化流程

图 3.7 所示模型由 Card 等人提出,把流水线式的可视化流程升级为回路,用户可以操作任何一个阶段。现在大多数可视化流程都是仿照该流程,大多数系统在实现上可能会有些差异。

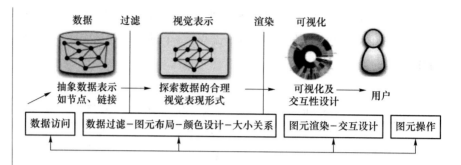

图 3.7　信息可视化流程

（4）人机交互可视化模型

可视分析通过人机交互自动处理和可视化分析方法紧密结合在一起。图 3.8 所示为最新的可视化分析模型。

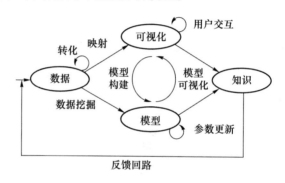

图 3.8　人机交互可视化模型

从数据到知识有两个途径：

① 对数据进行交互可视化，以帮助用户感知数据中蕴含的规律；

② 按照给定的先验，进行数据挖掘，从数据中直接提炼出数据模型。

通过这两个途径，用户可以对模型可视化，也可以从可视化结果中构建模型。

3.3　数据处理

3.3.1　数据清洗

数据清洗技术是为了提高数据质量而剔除数据中错误记录的一种技术手段，在实际应用中通常与数据挖掘技术、数据仓库技术、数据整合技术结合应用。数据清洗技术的基本原理为:在分析数据源特点的基础上,找出数据质量问题原因,确定清洗要求,建立起清洗模型,应用清洗算法、清洗策略和清洗方案对应到数据识别与处理中,最终清洗出满足质量要求的数据。数据清洗是数据可视化的前提,也是数据预处理的关键环节,可保证数据质量和数据分析的准确性。

数据清洗主要包括基于函数依赖的清洗技术、相似重复数据清洗技术、不完整数据清洗技术、不一致数据修复技术等几种,以下分别进行介绍。

1. 基于函数依赖的数据清洗技术

基于函数依赖的数据清洗技术,可解决数据异常、重复、错误、缺失等问题,能够在数据预处理环节对脏数据进行清洗,从数据源处减少噪声数据,提高数据清洗效率。该数据清洗技术可广泛应用于移动互联网数据分析等领域,具体应用步骤如下:

(1)建立数据库

根据清洗特征建立数据库,在数据库中存储有质量问题的待清洗数据,对数据库进行优化,生成原始数据库。

(2)数据筛选

对原始数据库中噪声数据进行分析,利用语义关联挖掘隐藏在字段间的关系,即字段间的函数依赖关系,进而确定数据的待清洗属性。

(3)数据查找

根据字段间的函数依赖关系找出原始数据库中存在差异的数据,建立其高阶张量属性集。

(4)数据清洗

在原始数据库中找出可信度较低的字段,利用字段间的函数依赖关系清洗字段和数据,并对数据进行修复。

(5)数据获取

在数据库中更新清洗后的数据,生成目标数据库集,并对清洗过程进行记录,生成清洗日志。清洗日志主要包括原始数据、清洗时间、清洗操作、清洗后数据等信息,为日后数据处理和数据质量分析提供记录依据。

2. 相似重复数据清洗技术

在大数据中,相似重复数据是数据清理的重点,具体表现为多种形式的记录描述目标却相同,或多条同样记录表达同样含义,其产生的原因多种多样,主要包括数据录入拼写错误、存储类型不一致、缩写不同等。由于相似重复数据的识别难度较大,所以必须借助重复检测算法进行检测,以保证相似重复记录数据的清洗效率,避免数据冗余。相似重复数据检测是对字段和记录是否存在重复性进行检测,前者主要采用编辑距离算法,后者却主要采用优先列队算法、排序邻居算法、N-Gram 聚类算法。

基于排列合并算法的相似重复数据清洗流程如下:分析源数据库的属性段,确定属性的关键值,根据关键值按照自上而下或自下而上的顺序排列源数据库中的数据;对数据库中的记录进行扫描,并将扫描后的数据与相邻数据进行比较,按照算法计算相邻数据的相似度;系统预设阈值,根据阈值评价计算出来的相似度是否在规定范围内,如果超过阈值,则说明这些相邻的数据或记录属于相似重复记录,采用合并数据或删除的方式处理数据。如果未超过阈值,则按照顺序继续扫描下面数据;在数据全部检测之后,输出检测后的数据。

3. 不完整数据清洗技术

大数据时代下,在数据上报或接口调用时会存在大量不完整的数据,严重影响着数据质量。不完整数据主要包括属性值错误和空值,其中用于前者的检测方法为关联规则法、聚类方法、统计法,上述方法均通过总结规律对错误值进行查找,找到错误值后予以修复;后者的检测方法以人工填写空缺值、属性值为主,其空缺值包括最小值、最大值、中间值、平均值或概率统计函数值。在不完整数据清洗中,清洗流程如图 3.9 所示:估计数据源的缺失值参数,为数据清洗提供依据;利用数据填充算法填充不完整数据的缺失值;填充后的数据为完整数据,将完整数据输出。

数据清洗

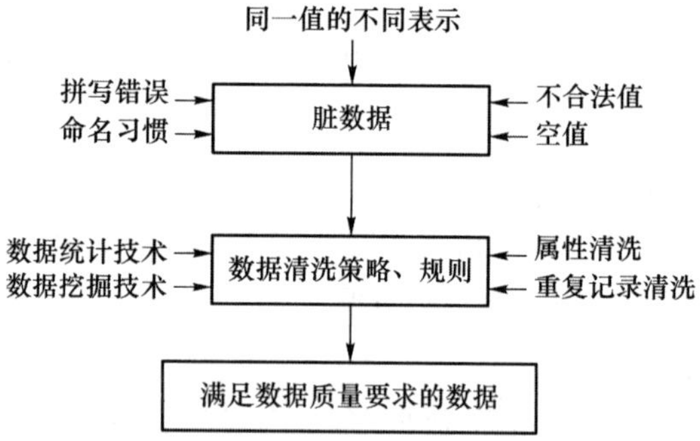

图 3.9 数据清洗流程示意图

4. 不一致数据修复技术

大数据环境下,数据源受多种因素的影响,违反完整性约束,造成大量不一致数据的产生。在数据清洗中,要利用不一致数据修复技术使不一致数据符合完整性约束,进而保证数据质量。数据修复流程如下:检测数据源中的数据格式,对数据格式进行预处理;检测预处理数据后的数据是否符合完整性,如果不符合,则要修复数据。如果在数据修复之后依然存在着与数据完整性约束不一致的情况,则要再次修复数据,直到数据符合要求;数据修复完成后,将其还原成原格式,为数据录入系统打下基础。

3.3.2　数据降维

目前大量数据具有高达数十维的特征,而人眼只能理解三维的数据,这给数据可视化带来了极大的困难。因此,在数据可视化的过程中,需要先对数据进行降维。数据降维,又称为维数约简。顾名思义,就是降低数据的维度,使我们可以更好地认识和理解数据。

通过数据维度变换进行降维是非常重要的降维方法,如图 3.10 所示,这种降维方法分为线性降维和非线性降维两种,其中常用的代表算法包括主成分分析(PCA)、线性判别分析(LDA)、核主成分分析(Kernel PCA)等。

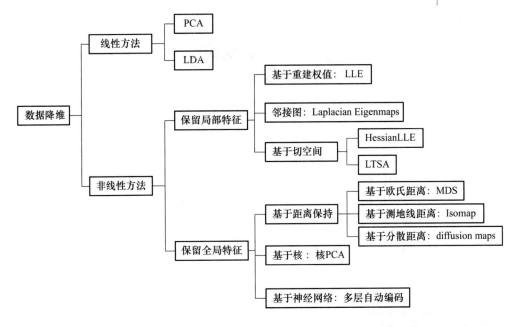

图 3.10　常用的数据降维方法

在线性方法中,principal component analysis(PCA)是最常用的线性降维方法,它的目标是通过某种线性投影,将高维的数据映射到低维的空间中表示,并期望在所投影的维度上数据的方差最大,以此使用较少的数据维度,同时保留住较多的原数据点的特性。

通俗的理解,如果把所有的点都映射到一起,那么几乎所有的信息(如点和点之间的距离关系)都丢失了,而如果映射后方差尽可能的大,那么数据点则会分散开来,以此来保留更多的信息。可以证明,PCA 是丢失原始数据信息最少的一种线性降维方法。

　　PCA 追求的是在降维之后能够最大化保持数据的内在信息,并通过衡量在投影方向上的数据方差的大小来衡量该方向的重要性。但是这样投影以后对数据的区分作用并不大,反而可能使得数据点揉杂在一起无法区分。这也是 PCA 存在的最大一个问题,这导致使用 PCA 在很多情况下的分类效果并不好。具体如图 3.11 所示,若使用 PCA 将数据点投影至一维空间上时,PCA 会选择 2 轴,这使得原本很容易区分的两簇点被揉杂在一起变得无法区分;而这时若选择 1 轴将会得到很好的区分结果。

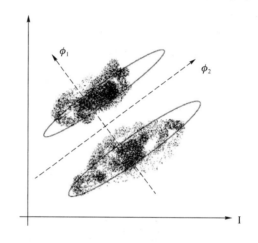

图 3.11　PCA 降维示例

　　非线性方法中,locally linear embedding(LLE)能够使降维后的数据较好地保持原有流形结构。如图 3.12 所示,使用 LLE 将三维数据(b)映射到二维(c)之后,映射后的数据仍能保持原有的数据流形(椭圆区域的点互相接近,矩形区域的点也互相接近),说明 LLE 有效地保持了数据原有的流行结构。

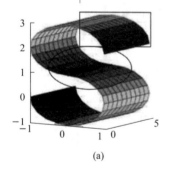
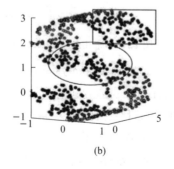
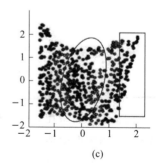

(a)　　　　　　　　　(b)　　　　　　　　　(c)

图 3.12　LLE 降维示例

LLE 算法认为每一个数据点都可以由其近邻点的线性加权组合构造得到。算法的主要步骤分为三步:(1)寻找每个样本点的 k 个近邻点;(2)由每个样本点的近邻点计算出该样本点的局部重建权值矩阵;(3)由该样本点的局部重建权值矩阵和其近邻点计算出该样本点的输出值,具体的算法流程如图 3.13 所示。

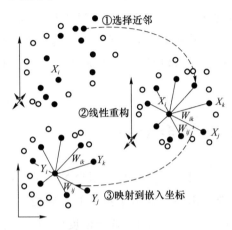

图 3.13 LLE 算法实现步骤

LLE 是广泛使用的图形图像降维方法,它实现简单,但是对数据的流形分布特征有严格的要求。比如不能是闭合流形,不能是稀疏的数据集,不能是分布不均匀的数据集等,这限制了它的应用。

3.3.3 数据采样

对于部分数据可视化项目,存在数据量过大,可视化存在困难的问题,对于这种问题,往往采用数据采样进行解决。数据采样就是按照某种规则从数据集中挑选样本数据。数据采样方法可分为三类。

(1)随机采样

随机采样是从被采样数据集中随机地抽取特定数量的数据,需要指定采样的个数。随机采样分为有放回采样和无放回采样。有放回采样可能会出现重复数据,无放回采样中采样数据不会出现重复的样本数据。

(2)系统采样

系统采样又称等距采样,就是将总体的采样数据集按某一顺序号分成 n 个部分,再从第一部分随机抽取第 k 号数据,依次用相等间距从每一部分中各抽取一个数据来组成样本。使用场景主要针对按一定关系排好的数据。

系统样本对于样本的限定过大,往往针对不同层级的采样需要通过分层采样实现。

（3）分层采样

分层采样是先将采样数据集分成若干个类别，再从每一类别内随机抽取一定数量的数据，然后将这些数据组合在一起。分层采样主要被用于生成训练样本的场景中。因为在监督学习中，正负样本的比例是不可控的，当正负样本的比例过大或过小时，对于样本训练结果都是有影响的，所以通常需要分层采样来控制训练样本中的正负样本比例。

分层采样从每一个层级中随机地抽取出特定的数据，每个层级抽取的比例是可以自定义的。

3.3.4　数据聚类和剖分

在数据可视化的过程中，有时会使用聚类算法将数据划分为不同的群组，从而能更好地看出不同群组中数据的不同变化趋势。聚类算法一般可分为基于层次的、基于划分的、基于密度的、基于网格的和基于模型的五种。

（1）基于层次的聚类算法

层次的聚类算法对给定数据对象进行层次上的分解。根据层次分解的顺序是自下向上的还是自上向下的，可分为凝聚算法（自下向上）和分裂算法（自上向下）。

① 凝聚算法思想

初始的时候，每一个成员都是一个单独的簇，在以后的迭代过程中，再把那些相互临近的簇组成一个新簇，直到把所有的成员组成一个簇为止。其具体代表算法：单连接算法、全连接算法和平均连接算法。

单连接算法：该算法的主要思想是发现最大连通子图，如果至少存在一条连接两个簇的边，并且两点之间的最短距离小于或等于给定的阈值，则合并这两个簇。

全连接算法：该算法寻找的是一个团，而不是连通的分量，一个团是一个最大的图，其中任意两个顶点之间都存在一个条边。如果两个簇中的点之间的距离小于距离阈值，则合并这两个簇。

平均连接算法：如果在两个目标簇中，一个簇中的所有成员与另一个簇中的所有成员之间的平均距离小于距离阈值，则合并这两个簇。

② 分裂算法思想

初始的时候，所有的数据成员都包含在一个簇中，是一个簇，然后将上层的簇重复地分裂为两个下层簇，直到每一个成员都组成一个单独的簇为止。代表算法:基于单连接算法 MST。其分裂过程为:将最小生成树的边从最长到最短依次进行剪切。该算法将产生与凝聚方法完全相同的簇集,只是产生过程的次序完全相反。

层次聚类方法的前提条件是假设数据是一次性提供的,因此都不是增量算法。其缺陷在于,一旦一个步骤(合并或分裂)完成,它就不能被撤销,因而不能更正错误的决定。改进层次方法的聚类质量的一个有希望的方向是将层次聚类和其他聚类技术进行集成,如 BIRCH 算法。

(2) 基于划分的聚类算法

将一个有 N 个样本的数据库,分为 K 个划分($K \leqslant N$),每个划分表示一个簇,并同时满足以下两个条件的过程,称为划分算法。①每个簇至少包含一个样本;②每个样本必须属于且仅属于一个簇。其具体代表算法有:PAM(partitioning around medoids)算法、CLARA(clustering large applications)算法、CLARANS(clustering large applications based upon randomized search)算法等。

① PAM 算法

该算法也称作 K-中心点算法,是指用中心点来代表一个簇。利用中心点这个概念能够很好地处理异常点。初始时,将 N 个成员中的 K 个随机成员设置为中心点集合,然后在每一步中,对输入数据集中目前还不是中心点的成员进行逐个检验,看是否可成为中心点。

该算法将判定是否存在一个成员,可以取代已存在的一个中心点。通过检验所有的中心点与非中心点组成的对,PAM 算法将选择最能提高聚类效果的对。该方法的聚类效果的度量是簇中的非中心点到簇的中心点的所有距离之和。由于在每次迭代过程中需要确定出 $K(N-K)$ 个交换对,在每个交换对中又要计算 $N-K$ 个非中心点到簇的中心点距离之和的变化,故每次迭代的总的复杂度是 $O(K(N-K)^2)$。所以该算法的复杂性太高。但其算法逻辑较简单,适合小型的数据库。

② CLARA 算法

通过数据库抽样,改进了 PAM 的时间复杂性。其基本思想是首先对数据库进行抽样,然后将利用 PAM 算法在抽样后的数据上进行聚类,得到的中心点就是整个数据库的中心点,最后将数据库中所有成员分配到离自身距离最近的中心点所代表的簇中。

为了提高 CLARA 的精度,可以分别进行几组抽样,然后在每组抽样上都应用 PAM 算法,最后将最好的聚类结果作为最终的聚类结果。由于使用了抽样技术,对于大型数据库而言,CLARA 比 PAM 更有效率,但其效果则取决于样本规模。有研究结果表明,样本规模为 $40+2K$ 的数据库,进行 5 次抽样会得到较好的结果。

③ CLARANS 算法

CLARANS 通过利用多次不同抽样来改进 CLARA。除需要与 PAM 一样的输入外,CLARANS 还需要输入 maxneighbor 和 numlocal 两个参数。maxneighbor 表示一个节点可以与任意特定节点(邻居)进行比较的数目。随着 maxneighbor 的增长,CLARANS 与 PAM 更加相近,这是由于所有节点都可能被检验。numlocal 表示抽样次数。

由于在每个样本上都要进行新的聚类,所以 numlocal 也表示需要进行聚类的次数。研究结果表明当 numlocal = 2 和 maxneighbor = max$((0.012\,5 * K(N-K)), 250)$时,聚类效果较好。对于任意规模的数据集,CLARANS 比 CLARA 和 PAM 效率要高。

(3) 基于密度的聚类算法

提出基于密度的聚类方法是为了发现任意形状的聚类结果。其主要思想是:只要临近区域的密度超过某个阈值,就继续聚类。这样的方法可以用来过滤"噪声"孤立点数据,发现任意形状的簇。其代表算法:DBSCAN(density-based spatial clustering with noise)。

DBSCAN 算法可以将足够高密度的区域划分为簇,并可以在带有"噪声"的空间数据库中发现任意形状的聚类。该算法定义簇为密度相连的点的最大集合。

DBSCAN 通过检查数据库中每个点的邻域来寻找聚类。如果一个点 p 的邻域中包含数据项的个数多于最小阀值,则创建一个以 p 作为核心对象的新簇。然后反复地寻找从这些核心对象直接密度可达的对象,当没有新的点可以被添加到任何簇时,该过程结束。不被包含在任何簇中的对象被认为是"噪声"。如果采用空间索引,DBSCAN 的计算复杂度是 $O(n\log n)$,这里 n 是数据库中对象数目。否则,计算复杂度是 $O(n^2)$。

DBSCAN 算法具有很多优点:能够发现空间数据库中任意形状的密度连通集;在给定合适的参数条件下,能很好地处理噪声点;对用户领域知识要求较少;对数据的输入顺序不太敏感;适用于大型数据库。其缺点:DBSCAN 算法要求事先指定领域和阈值;具体使用的参数依赖于应用的目的。

(4) 基于网格的聚类算法

这种算法首先将数据空间划分成为有限个单元的网格结构,所有的处理都是以单个的单元为对象的。处理速度通常与目标数据库中记录的个数无关,它只与单元的个数有关,故这种算法的一个突出优点就是处理速度很快。其代表算法有:STING(statistical information grid based method)算法。

STING 算法将空间区域划分为矩形单元。针对不同级别的分辨率,通常存在多个级别的矩形单元,这些单元形成了一个层次结构:高层的每个单元被划分为多个低一层的单元。高层单元的统计参数可以很容易地从低层单元的计算得到。这些参数包括:属性无关的参数 count;属性相关的参数 m(平均值),s(标准偏差),min(最小值),max(最大值),以及该单元中属性值遵循的分布(distribution)类型。STING 扫描数据库一次来计算单元的统计信息,因此产生聚类的时间复杂度是 $O(n)$,其中 n 是对象的数目。在层次结构建立后,查询处理时间是 $O(g)$,g 是最低层风格单元的数目,通常远远小于 n。

(5)基于模型的聚类算法

基于模型的方法为每个簇都假定了一个模型,并寻找数据对给定模型的最佳拟合。该算法通过构建反映数据点空间分布的密度函数来实现聚类。这种聚类方法试图优化给定的数据和某些数学模型之间的适应性。其代表算法有 COBWEB 算法。

COBWEB 算法以一个分类树的形式创建层次聚类,它的输入对象用"分类属性"-"值"对来描述。其工作流程是:在给定一个新的对象后,COBWEB 沿一条适当的路径向下,修改计数,以寻找可以分类该对象的最好节点。该判定基于将对象临时置于每个节点,并计算结果划分的分类效用。产生最高分类效用的位置应当是对象节点的一个好的选择。

给定一个新的对象,COBWEB 沿一条适当的路径向下,修改计数,寻找可以分类该对象的最好节点。在该过程中,将对象临时置于每个节点上,并计算划分的分类效用结果。产生最高分类效用的位置是对象节点的一个好的选择。

COBWEB 可以自动修正划分中类的数目;不需要用户提供输入参数。其缺点在于 COBWEB 基于这样一个假设:在每个属性上的概率分布是彼此独立的。但这个假设并不总是成立。分类树对于偏斜的输入数据不是高度平衡的,它可能导致时间和空间复杂性的剧烈变化。COBWEB 不适用于聚类大型数据库的数据。

通过以上的分析可知,没有一种算法是十全十美的,需要根据实际情况(例如,发现聚类的形状,数据输入顺序是否敏感,适用数据库的大小或者算法效率)来选择聚类算法对数据进行划分。

3.4 可视化编码

3.4.1 标记和视觉通道

1967 年,Jacques Bertin 初版的 *Semiology of Graphics* 一书提出了如图 3.14 所示的图形符号与信息的对应关系,奠定了可视化编码的理论基础。

视觉编码介绍

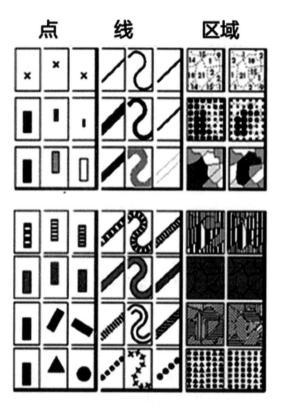

图 3.14 图形符号与信息的对应关系

数据可视化的核心在于可视化编码,而可视化编码由几何标记和视觉通道组成。在可视化设计中我们将常见的几何标记定义成图表类型。根据几何标记可以代表的数据维度来划分,如图 3.15 所示几何标记分为:

零维,点是常见的零维几何标记,点仅有位置信息;

一维,常见的一维几何标记有线;

二维,二维平面;

三维,常见的立方体、圆柱体都是三维的几何标记。

图 3.15　几何标记示例

不同标记在不同的坐标系下具有不同的自由度。如图 3.16 所示,坐标系代表了图形所在的空间维度,而图形空间的自由度是在不改变图形性质的基础下可以自由扩展的维度,自由度＝空间维度－图形标记的维度,那么:

点在二维空间内的自由度是 2,就是说可以沿 x 轴、y 轴方向进行扩展;

线在二维空间内的自由度是 1,也就说线仅能增加宽度,而无法增加长度;

面在二维空间内的自由度是 0,我们以一个多边形为示例,在不改变代表多边形的数据前提下,我们无法增加多边形的宽度或者高度;

面在三维空间的自由度是 1,我们可以更改面的厚度。

图 3.16　标记自由度示例

图形标记的自由度与数据能够映射到图形的视觉通道 size(大小)相关,从这个角度上来讲:点可以映射两个数据字段到点的大小上(当然现实中我们仅仅映射一个);线可以映射一个数据字段到线的宽度;柱状图的矩形可以映射一个数据字段到宽度上;封闭的多边形无法使用数据映射到大小。

视觉通道(如图 3.17 所示)是用于控制几何标记的展示特性的,包括标记的位置、大小、形状、方向、色调、饱和度、亮度等。

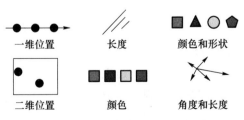

图 3.17　视觉通道示例

人类对视觉通道的识别有两种基本的感知模式。第一种感知模式得到的信息是关于对象本身的特征和位置等,对应视觉通道的定性性质和分类性质;第二种感知模式得到的信息是对象某一属性在数值上的大小,对应视觉通道的定量性质或者定序性质。因此我们将视觉通道分为两大类:

(1) 定性(分类)的视觉通道(如形状、颜色的色调、空间位置);

(2) 定量(连续、有序)的视觉通道(如直线的长度、区域的面积、空间的体积、斜度、角度、颜色的饱和度和亮度等)。

然而两种分类不是绝对的。例如,位置信息,既可以区分不同的分类,又可以分辨连续数据的差异。

进行可视化编码时我们需要考虑不同视觉通道的表现力(如图 3.18 所示)和有效性,主要体现在下面几个方面:

(1) 准确性,是否能够准确地在视觉上表达数据之间的变化;

(2) 可辨认性,同一个视觉通道能够编码的分类个数,即可辨识的分类个数上限;

(3) 可分离性,不同视觉通道的编码对象放置到一起,是否容易分辨;

(4) 视觉突出,重要的信息,是否用更加突出的视觉通道进行编码。

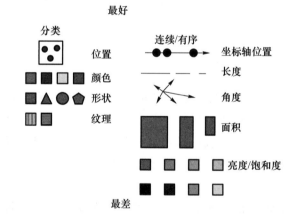

图 3.18 视觉通道表现力

可视化编码的过程可以理解为数据的字段和可视化通道之间建立对应关系的过程,它们的映射关系如下:

* 一个数据字段对应一个视觉通道(1:1)

* 一个数据字段对应多个视觉通道(1:n)

* 多个数据字段对应一个视觉通道(n:1)

3.4.2 可视化编码元素的优先级

Mackinlay 和 Tversky 分别提出了两套可视化设计的原则，Mackinlay 强调表达性和有效性，Tversky 强调一致性和理解性。两者可以糅合起来，如下。

（1）表达性、一致性：可视化的结果应该充分表达了数据想要表达的信息，且没有多余。

（2）有效性、理解性：可视化之后比前一种数据表达方案更加有效，更加容易让人理解。

图 3.19 总结了可视化编码面对不同数据类型的优先级。

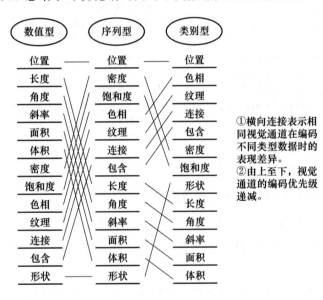

①横向连接表示相同视觉通道在编码不同类型数据时的表现差异。
②由上至下，视觉通道的编码优先级递减。

图 3.19　可视化编码对不同数据的优先级

图 3.19 列举了数据可视化作品中常用的视觉编码通道，针对同种数据类型，采用不同的视觉通道带来的主观认知差异很大。数值型适合用能够量化的视觉通道表示，如坐标、长度等，使用颜色表示的效果就大打折扣，且容易引起歧义；类似地，序列型适合用区分度明显的视觉通道表示，类别型适合用易于分组的视觉通道。

需要指出的是，图 3.19 蕴含的理念可以应对绝大多数应用场景下可视化图形的设计"套路"，但数据可视化作为视觉设计的本质决定了"山无常势，水无常形"，任何可视化效果都拒绝生搬硬套，更不要说数据可视化的应用还要受到业务、场景和受众的影响。

3.4.3　源于统计图表的可视化

统计图表是使用最早的可视化图形,在数百年的进化过程中,逐渐形成了基本"套路",符合人类感知和认知,进而被广泛接受。

常见于各种分析报告的有柱状图、折线图、饼状图、散点图、气泡图、雷达图,对于这些最常用的图表类型,图3.20可以指明大致方向。

图表	维度	常用场景
柱状图	二维	指定一个分析轴进行数据大小的比较时使用, 只需比较其中一维
折线图	二维	按照时间序列分析数据的变化趋势时使用, 适用于较大的数据集
饼图	二维	指定一个分析轴进行所占比例的比较时使用, 只适用反映部分与整体的关系
散点图	二维或三维	有两个维度需要比较
气泡图	三维或四维	其中只有两维能精确辨识
雷达图	四维以上	数据点不超过6个

图 3.20　常用统计图表

除常用的图表外,可供选择的还有如下图表。

- 漏斗图:漏斗图适用于业务流程比较规范、周期长、环节多的流程分析,通过漏斗各环节业务数据的比较,能够直观地发现和说明问题所在。

- (矩形)树图:一种有效地实现层次结构可视化的图表结构,适用于表示类似文件目录结构的数据集。

- 热力图:以特殊高亮的形式显示访客热衷的页面区域和访客所在的地理区域的图示,它基于GIS坐标,用于显示人或物品的相对密度。

- 关系图:基于3D空间中的点—线组合,再加以颜色、粗细等维度的修饰,适用于表征各节点之间的关系。

- 词云:各种关键词的集合,往往以字体的大小或颜色代表对应词的频次。

- 桑基图:一种有一定宽度的曲线集合表示的图表,适用于展现分类维度间的相关性,以流的形式呈现共享同一类别的元素数量,比如展示特定群体的人数分布等。

• 日历图:顾名思义,以日历为基本维度的对单元格加以修饰的图表。

3.5　数据可视化的十大黄金准则

(1) 明确呈现数据图形的目的。

(2) 通过比较(同比 & 环比)反映问题。

(3) 提供相应的数据指标的业务背景。

(4) 通过总体到部分的形式展示数据报告。

(5) 联系实际的生产和生活,可视化数据指标的大小。

(6) 通过明确而全面的标注,尽最大可能地消除误差和歧义。

(7) 将可视化的图标同听觉上的描述进行有机的整合。

(8) 通过图形化工具增加信息的可读性和生动性。

(9) 允许但并非强制通过表格的形式呈现数据信息。

(10) 目标是让数据报告的受众思考呈现的数据指标,而非数据的呈现形式。

本 章 小 结

本章通过介绍了数据可视化、流程、数据处理、可视化编码等使得读者对于数据可视化的相应基础有一定了解。

习　　题

(1) 数据处理包括哪些过程?

(2) 如何进行可视化编码? 可视化编码的意义是什么?

(3) 数据降维的常用方法有哪些?

第4章

时空数据可视化

日常生活中的数据经常包括了时间、空间等维度,如何对这些数据进行可视化是本章主要介绍的内容。本章包括了一维、二维、三维等的数据可视化,空间数据可视化以及时间序列可视化。

4.1　一维标量数据可视化

一维标量数据(单变量数据),顾名思义,就是可以用一个变量来表示的数据集。比如,对 CPU 的使用率进行随机采样所得到的数据集就是一维标量数据。

对于一维标量数据,可以通过散点图来进行可视化。所谓散点图,就是把所有的数据点都描绘在一条直线上(一般使用水平直线),数据点的值决定其在直线上的位置,如图 4.1 左侧为标准散点图。

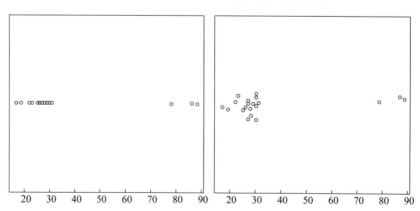

图 4.1　标准散点图与随机抖动散点图

标准散点图存在一个问题,数据聚集的地方无法清晰地分辨出聚集程度,而值相同的数据点则会互相遮蔽从而引起误解。为此,一个有效的解决方案是对所有的散点进行随机离散化,生成抖动散点图。可以看到,与之前的散点图相比,抖动图在表示数据点的分布和聚集程度上显得更加自然。

在使用抖动图时,有两点值得注意:

(1) 抖动幅度的设置。抖动幅度过小,则散点过于聚集;抖动幅度过大,则散点过于分离。两者都不利于对散点数据进行观察。

(2) 数据点符号的选择。除图 4.1 的空心小圆环,抖动图可以用别的符号来表示数据点,如实心小三角形等。不过在数据量稍大的情况下,空心小圆环是一个很不错的选择,因为即使发生数据点的部分重合,抖动图的观察者也可以轻松地分辨出这两个数据点。

4.2 二维标量数据可视化

4.2.1 平面坐标系法

相比一维标量数据,二维标量数据可以充分利用二维平面空间,将数据通过柱状图、折线图、饼状图等方式直观地表示出来,如图 4.2 所示。这些图表通常简洁明了,可以最大限度地传递数据本身的含义,同时通过曲线的变化、颜色的区分,使用户直观地了解到数据间的差别和变化趋势。

(1) 柱状图:柱状图的适用场合是二维数据集,但只有一个维度需要比较。柱状图通过柱子的高度来反映数据的差异,但柱状图的局限在于只适用中小规模的数据集。通常来说,柱状图的 X 轴代表时间,用户习惯性地认为存在时间趋势。如果遇到 X 轴不代表时间维的情况,建议用颜色区分每根柱子,改变用户对时间趋势的关注。

(2) 折线图:折线图适合二维的大数据集,尤其是那些需要关注趋势的情形,比如横轴为时间维度的数据随时间变化图。除此之外,折线图还适合多个二维数据集的比较,可以很明显地看出两个数据集之间数值和趋势的差异。

(3) 饼状图:饼状图适合反映某类数据部分占整体的比例,比如贫穷人口占总人口的百分比,这种情况下使用饼状图可以很直观地看到各部分的比例大小,是否超过一半等。但是肉眼对面积大小不敏感,在表示数据时建议结合百分比等文字信息。

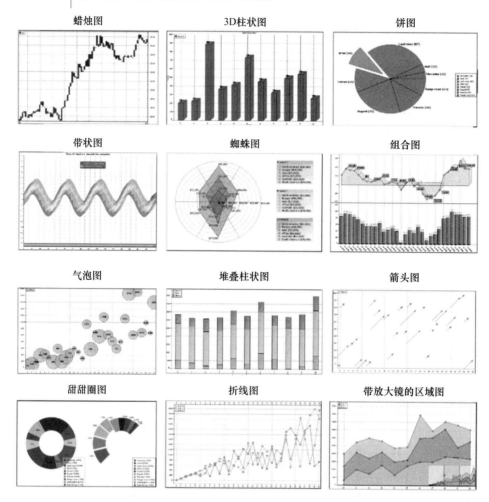

图 4.2　不同的图表类型

4.2.2　颜色映射法

不同图表
的表示

　　在二维数据可视化中,常用颜色表示数据场中数据值的大小,即在数据与颜色之间建立一个映射关系,把不同的数据映射为不同的颜色。在绘制图形时,根据场中的数据确定点或图元的颜色,从而以颜色来反映数据场中的数据及其变化。

　　这种可视化方法处理的数据一般为离散网格数据,网格之间的数据采用插值的方法计算。大部分可视化系统的绘制模块一般不直接插值计算网格间的数据,而是利用计算机硬件提供的功能直接对颜色的 RGB 基色值进行插值计算,这样有助于提高绘制速度,但也由此引起了误差:由

于大部分颜色映射模型都采用非线性的映射，对颜色的线性插值实际上
是对数据的非线性插值，从而造成误差导致完全错误的颜色。实际应用
中可采用颜色表方式来解决这一问题，因为颜色表索引与数据间是完全
线性的映射关系，不会引起插值误差。

4.2.3　等值线提取法

等值线提取法是在制图中表示现象数量特征的一种方法。等值线是
由制图现象中数值相等的各点连接成的连续曲线，如等高线、等深线、等
温线、等压线、等磁偏线等。等值线多用于表示连续分布且渐变的现象，
如地势、气候等。根据需要，等值线的间距（值差）可设计成固定的或可变
的，也可在相邻等值线间染不同的色彩以增加其明显性（如分层设色地
图）。等值线法还可表示一定时间内数值变化的等数值变化线、等速度变
化线，表示现象移位的等位移线，表示现象起止时间的等时间线，表示现
象不同距离的等距线等。图 4.3 展示了房山区某月 PM2.5 浓度趋势变
化，其中通过等值线将同浓度区域进行连接，不同等值线间差异明显。

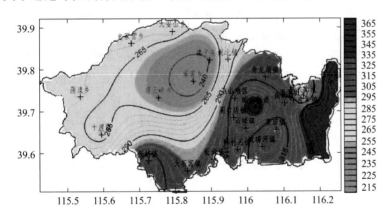

图 4.3　房山区某月 PM2.5 浓度趋势变化等值线图

等值线一般利用若干定位点的测量值经过内插而成。在等值线地图
上，不仅可以获得任意点的专题数值高低，而且可以根据等值线的疏密变
化直观地了解专题信息的分布与变化规律，如在等高距一定的情况下，等
高线密集表示地形陡峭，稀疏则表示平缓。在专题等值线地图上，还可采
用分层设色，通过色阶的渐变，更直观地表现要素在空间渐变的趋势，同
时增强地图的立体感和美感。

4.3 三维标量数据可视化

最常见的标量场可视化方法包括颜色映射(color mapping)、轮廓法(contouring)以及高度图(height plot)。颜色映射的方法将每一标量数值与一种颜色相对应,可以通过建立一张以标量数值作为索引的颜色对照表的方式实现。更普遍的建立颜色对应关系的方法称为传递函数(transfer function),它可以是任何将标量数值映射到特定颜色的表达方式。对于颜色映射的可视化,选择合适的对应颜色非常重要,不合理的颜色方案将无法帮助解释标量场的特征,甚至产生错误的信息。轮廓法是将标量场中数值等于某一指定阈值的点连接起来的可视化方法。地图上的等高线、天气预报图中的等温线都是典型的二维标量场的轮廓可视化的例子。多条等值轮廓线(或等值轮廓面)在标量场上分布的稀疏程度表示了相应标量场变化的快慢。二维标量场的轮廓线可以通过移动正方形(marching square)的方法获得。三维标量场的轮廓可视化即为等值面的提取和绘制。高度图(height plot)则是根据二维标量场数值的大小,将表面的高度在原几何面的法线方向做相应的提升。这样表面的高低起伏对应于二维标量场数值的大小和变化。

三维标量场也被称为三维体数据场(volumetric field),其主要可视化方法包括直接体绘制和等值面的提取与绘制。直接体绘制通过颜色映射,可以直接将三维标量场投影成二维图像。这种算法并不构造中间几何图元,而是由离散的三维数据场直接产生屏幕上的二维图像。选择三维标量场的颜色映射方案就是对体数据的直接体绘制设计传递函数的问题。如何设计合理的传递函数一直是可视化研究中的重要课题。等值面方法可以更好地表示特定曲面的特征和信息,但是与直接体绘制方法相比,丢失了指定等值面以外的数据场信息。另一方面,直接体绘制虽然显示了包括全部三维数据场的信息,但是由于数据之间的遮挡以及体绘制中的合成计算,特征之间可能发生干扰。如何通过选择合理的传递函数,使得体数据可视化最佳地揭示内在特征是一个很大的挑战。此外,三维标量场还可以通过设立切面(slicing)的方式对特定平面的信息可视化,这种方法在医学成像数据方面使用较多。

三维空间数据场方法主要分为抽取表面信息的可视化方法和直接体绘制方法两种。

- 抽取表面信息的可视化方法(面绘制):分为断层间的构造等值面、等值面生成。
- 直接体绘制方法(体绘制):光线投射、投影方法、其他体绘制方法。

4.3.1　等值面绘制

所谓等值面是指空间中的一个曲面,在该曲面上函数 $F(x,y,z)$ 的值等于某一给定值 F_t,即等值面是由所有点 $S=\{(x,y,z):F(x,y,z)=F_t\}$ 组成的一个曲面,如图 4.4 所示。

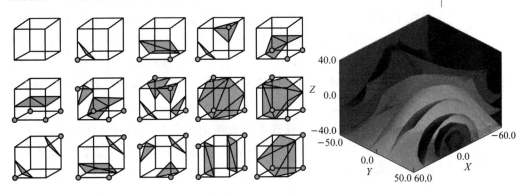

图 4.4　等值面立方体法处理示意图与等值面切片图

在各类等值面提取方法中最经典的是 W. E. Lorenson 和 H. E. Cline 在 1987 年提出的移动立方体法(marching cubes)。这一方法首先假定函数值在三维空间中均匀地分布在由立方体组成的三维网络的顶点上,并假定函数值沿立方体棱边作线性变化。在求出等值面与立方体棱边的交点后将它们按一定规则连接起来,就可得到近似表示等值面的一系列的多边形或三角形。根据立方体数值的不同,一共有 256 种相交情况。通过对称性简化,可以合并成为 15 种处理情况,再利用计算机图形学中传统的画面绘制技术,就可以得到待求等值面的真实感图形了。用等值面法绘制龙虾的过程如图 4.5 所示。

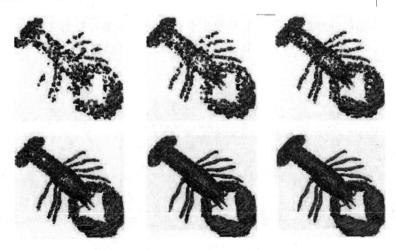

图 4.5　等值面法绘制龙虾的过程示意图

4.3.2 直接体绘制

体绘制是一种直接由三维数据场产生屏幕上二维图像的技术。在自然环境和计算模型中,许多对象和现象只能用三维数据场表示,对象体不是用几何曲线和几何曲面表示的三维实体,而是以体素作为基本造型单位。例如,人体内部构造就十分复杂,如果仅仅用几何方式表示器官表面,不可能完整显示人体的内部信息。体绘制的目的就在于提供一种基于体素的绘制技术,它有别于传统的基于面的绘制技术,能显示出对象体内部丰富的细节信息。

数字图像对应的是描述数据元素的颜色和光强的二维阵列,这些元素成为像素,同理一个三维数据场可以用一个具有相应值的三维阵列来描述,这些值称为体素。类似于数字图像的二维光栅,可以把体数据场看为一个三维光栅。一个典型的三维数据场是医学图像三维数据场,由 CT(计算机断层成像)或 MRI(核磁共振)扫描获得一系列的医学图像切片数据,把这些切片数据按照位置和角度信息进行规则化处理,然后就形成一个三维空间中由均匀网格组成的规则的数据场,网格上的每个节点描述了对象的密度等属性信息,相邻层之间对应的八个节点包围的小立方体称为体素。体绘制以这种体素为基本操作单位,计算出每个体素对显示图像的影响。

图 4.6 展示了直接体绘制技术在 CT 数据、流场模拟数据(涡量)、飓风模拟数据方面的应用。直接体绘制的代表算法主要包括光线投射法(ray casting)、最大强度投影算法(maximum intensity projection)、抛雪球法(splatting)和剪切曲变法(shear-warp)等。其中光线投射法是图像空间的经典绘制算法,它从投影平面的每个点发出投射光线,穿过三维数据场,通过光线方程计算衰减后的光线强度并绘制成图像,如图 4.7 所示。

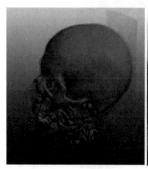

图 4.6 直接体绘制示意图

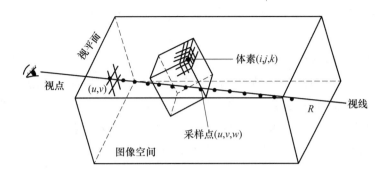

图 4.7　光线投射法体绘制示意图

以光线投射法为例,它从图像平面的每个像素向数据场投射光线,在光线上采样或沿线段积分计算光亮度和不透明度,按采样顺序进行图像合成,生成结果图像。光线投射方法是一种以图像空间为序的方法。它从反方向模拟光线穿过物体的全过程,并最终计算这条光线到达穿过数据场后的颜色。

其算法主要包括如下过程:

(1) 数据预处理:包括采样网格的调整,数据对比增强等。

(2) 数据分类和光照效应计算:分别建立场值到颜色值和不透明度之间的映射,并采用中心差分方法计算法向量,进行光照效应的计算。

(3) 光线投射:从屏幕上的每个像素沿观察方向投射光线,穿过数据场。在每一根光线上采样,插值计算出颜色值和不透明度。

(4) 合成与绘制:在每一根光线上,将每一根采样点的颜色值按前后顺序合成,得到像素的颜色值,并显示像素。

4.4　多变量空间数据可视化

按照数据参量的复杂程度,数据场可以分为标量场、矢量场和张量场。标量场的数据结构简单,每一场点对应单一数据,其可视化技术也已相对成熟,如体积光线照射、等值面法等;而矢量场和张量场则在原有的单一变量的基础上,有了更多数据维度,比如形状、方向等,因此要求更新、更复杂、更综合的可视化方法。

4.4.1　常规多变量数据可视化

传统的多维数据可视分析方法能够有效地展示数据的多维属性,帮助用户直观地发现数据中潜在的关联模式,如平行坐标、数据降维、引入形状信息等。

平行坐标表示

（1）平行坐标

平行坐标即每一维特征对应一个画布层,在每一层的一个点相当于一个二维数据对,然后将各个图层叠加连成线,每一条线表示一个数据条目,最终形成一个展示多维信息的图组,可以直观地看出各个维度上的数据分布,以及是否存在线性相关等关系,如图4.8所示。

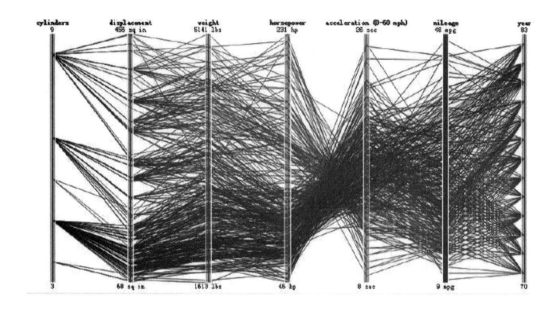

图 4.8　通过平行坐标展示 329 款汽车的 7 项技术参数图

（2）数据降维

数据降维是指通过统计和机器学习等方法,将高维数据映射至低维数据空间,从而可以使用现有的可视化方法进行操作,包括 PCA 降维等,如图4.9所示。但是该方法也有一个缺点,降维后可能无法体现数据原本的含义。降维后通常会进一步进行时间序列聚类与预测等工作,最终提供一个有明确意义的可视化图表。

（3）额外信息引入

引入形状信息是指在三维空间的基础上,引入额外的信息,比如图形的形状和大小、颜色的色调和透明度等,在三维空间内扩展新的可展示维度。

如图4.10所示,图片展示了不同葡萄酒类型固定酸度、残糖量以及酒精量之间的关系。为了表示不同的葡萄酒类型,可视化引入了不同的颜色加以区分。

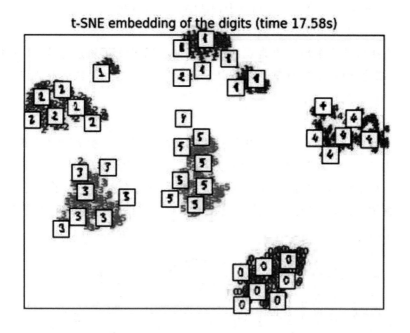

图 4.9 高维特征降维聚类示意图

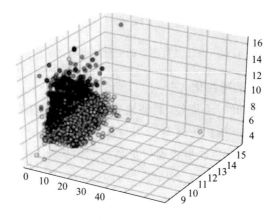

图 4.10 不同葡萄酒类型的固定酸度、残糖量以及酒精量关系图

4.4.2 矢量场数据可视化

矢量场数据可视化是指运用计算机图形学和图像处理技术,将矢量流场数据转换为二维或三维图形、图像或动画进行呈现,并对其模式和相互关系等进行分析,是计算流体力学研究与工程实践中不可缺少的手段,现也常见于数据可视化的过程中。

依据不同的用户需求,可将矢量场可视化技术分为直接可视化、几何可视化、基于纹理的可视化和基于特征结构的可视化。

（1）直接可视化

直接可视化是最简单直观的矢量数据全局可视化表达方式，实现容易，绘制速度快，主要有颜色编码法和图标法等。常见手段包括箭头、椎体、有向线等。

（2）几何可视化

几何可视化采用矢量线和矢量线的拓展手段来显示矢量场数据，如图4.11所示。几何可视化的优点是准确、直观、连续性好，但这类方法的效果与种子点即矢量线的起始点的位置和数量关系密切。种子点过多易造成视觉混乱，种子点过少或者位置不好则易遗漏矢量场的重要特征和细节信息。

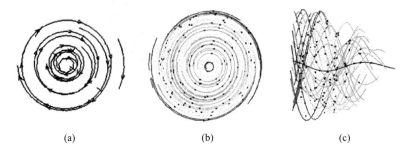

(a)	(b)	(c)

图 4.11　基于几何图形的矢量场可视化示意图

（3）基于纹理的可视化

纹理具有空间上的连续性，能够清晰地表现矢量场的变化和形状特征。用基于纹理的可视化方法显示矢量场的信息，既能表现出矢量场的几何形状，又能通过颜色映射表现矢量场的方向信息，既综合了直接可视化和几何可视化的优点，又克服了它们的缺点，所以具有广泛的应用领域。

- 点噪声法：点噪声法（spot noise）是最早提出的基于纹理的矢量场可视化方法。其基本原理是沿矢量方向对点噪声滤波以生成图像，所生成的纹理是由许多随机分布的、具有一定大小和形状的二维点叠加所形成的一种随机纹理，依靠改变点的属性可整体或局部控制纹理的模式，点的大小可以影响纹理的粒度。

- 线积分卷积法：矢量场中的任一点处的局部特性由一卷积函数 $k(w)$ 沿矢量线方向对噪声纹理进行卷积，生成一个可以表达矢量场的静态图像，如图4.12所示。LIC可以清晰地描述矢量场的全局和局部细节信息，方向信息明显，矢量场细节表达清晰，适用于2D矢量场。不足是计算量巨大，容易引入高频噪声，实时交互性较差,矢量大小难以通过其纹理反应,在 3D 矢量场中存在遮挡问题。

- 基于纹理平流的方法:在基于纹理平流的方法中,最终矢量场动画的每一帧都是由之前的图像和一系列经过滤波的噪声背景图像的卷积得到,操作时以图像平流代替质点平流,是一种用宏观图形表现微观粒子运动的新方法。

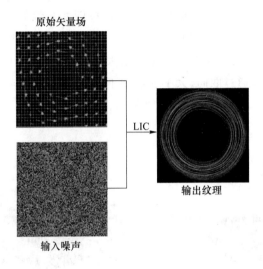

图 4.12　线积分卷积法数据可视化示意图

（4）基于特征结构的可视化

特征指的是流场中有意义的结构、形状、现象或者用户感兴趣的区域。基于特征的可视化是指首先从数据中提取流场的特征,得到高度抽象的流场信息,具体特征根据相关应用领域及研究的内容来定义和抽取。由于矢量场数据计算量大,在进行可视化之前可先进行预处理,提取出矢量场中的特征进行重点可视化,忽略掉冗余的、重要性低的数据,提高可视化的质量和速度。

4.4.3　张量场数据可视化

不同维度与阶数的张量为具体的可视化操作带来了巨大的挑战。在科学数据可视化的常见情况下,三维二阶对称张量数据是我们需要进行可视化操作的对象,比如流体微团的变形率张量、流体面元的应力张量等。三维二阶张量包含 9 个分量,这 9 个分量的可视化必须建立在统一表现的基础上,才得以显示出整个张量在空间点的数据结构,甚至是物理意义,而不像标量场可视化那样,仅仅关注每个空间点的单一数据。在我们所讨论的张量可视化的方法和实例中,三维二阶对称张量都是主要的理想研究对象。

张量数据可视化的方法主要可以分为以下几类:图元法(glyph)、特征法(feature-based)、艺术法(art-based)以及形变法(deformation)。

1. 图元法

图元法是一种利用包含信息的图像符号直接表示每个张量数据点的方法。在众多可供选择的图元中,三维椭球图元是最为常见的可视化元素。将椭球中心置于数据原点,椭球的三个主轴方向对应于三个特征矢量方向,三个轴长对应于相应的特征值大小。如此,张量场中每一规则格点的数据都可以通过取向、大小和形状不同的椭圆来对应表示,实现了多分量数据的统一可视化,如图 4.13 所示。

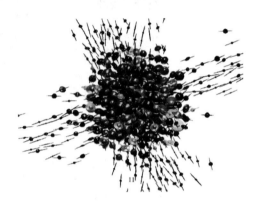

(a) 椭圆半径、圆盘半径和棒长分别对应于最小特征值、中间特征值和最大特征值的两倍　　(b) 相交的大脑白质束的张量场模拟

图 4.13　图元法

将椭球作为图元的方法有易见的优点:椭球的几何特征和张量数据结构的合理对应,因而容易辨别每个分离点的张量数据特征。但是,椭球图元也有其局限性:①特征值的符号无法通过椭球的几何特征表现,而只能通过颜色标记等其他方法区分;②椭球有其自身的光滑几何表面,不合适的视角很容易影响观者对特征方法和特征值数据的观察判定;③在三维情况下,密集的数据点容易发生堆积、层叠,从而影响视线;④单一图元表达的信息量局限于最基本的层面,无法表现出张量数据的互相关联和局域性特征。事实上,特征值符号、图元视角缺陷和区域结构缺乏这三个问题较为普遍地存在于使用离散型图元法的张量可视化问题。

2. 特征法

基于特征的可视化方法着眼于数据场对象特征的提取与再呈现,是一种呈现信息层面较高的方法。

在前述图元法的基础上改进,Kindlmann 和 Westin 在可视化扩散张量时提出了图元堆积方法(glyph packing)。图元堆积的方法并非试图寻找更佳的几何图元组合来呈现最佳视图,而是在常规椭球坐标法上增加基于纹理的可视化方法。它抛弃了数据点分布的规则格子,避免了在视觉上造成的错误数据分布结构,而是将点坐标类比于粒子系统,通过基于张量场数据演算得到的势函数,来计算图元"粒子"之间的相互作用,从而得到它们的平衡网络位置。规则格子和图像堆积这两种情况的可视化效果如图 4.14 所示。图像堆积的可视化方法,在点图元方法的基础上,自然地避免了数据点之间的交叠和空隙,更加有效地显现了张量场数据的连续变化特征,将传统的图元法提升到了得以表现特征的层次。

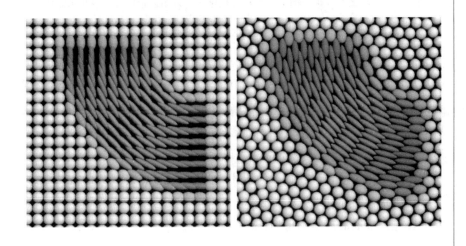

图 4.14　常规点坐标方法与图像堆积方法的可视化结果对比

3. 艺术法

艺术法是参考艺术作品的创作表现方式,而将其基本手段应用于张量数据可视化的方法。

例如,Lailaw 在可视化小鼠脊椎神经的扩散张量时,巧妙借用了油画中的分层绘制的概念,将复杂的扩散张量和相关联的解剖标量信息一起表现于复杂的多层叠加的可视化图像(底板层、检测板层和线条层),如图 4.15 所示。通过分析数据,将参量与可视化技巧作如下对应:解剖标量-底板层颜色亮度,体积元大小-检测板层阵列间距,本征值大小比值-线条长宽比和透明度,主本征方向-线条方向,主本征 x 方向-线条红饱和度,扩散率大小-线条的纹理频率。所以,这样的技巧可以将扩散张量的所有数据参数都一起可视化,供观者获取自己需要的数据信息。

Kirby 也是采用分层的绘画方法,用二维的椭圆图元表示流体场内流体微团的形变率张量,并且通过箭头方向、箭头面积、底板颜色来分别表示流场速度、大小和涡量场信息,实现了独立信息的统一呈现。

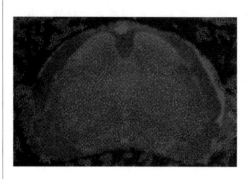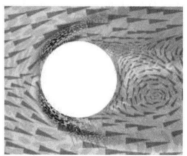

图 4.15　小鼠脊椎神经的分层结构可视化与流体场参量组合可视化示意图

4. 形变法

形变法可视化的基本思想是实现张量场的"实体化",即呈现出特定张量场在理想物体上产生的作用。因此,对于具有明确物理意义的张量数据来说,形变的可视化方法直观、有效地将抽象的数据还原成具体的更易被观者接受的视觉信息。这种方法在力学教科书中介绍材料应力、变形率时,在研究地质形变和液晶分子取向等问题时都被广泛采用。

在可视化张量场形变存在如图 4.16 所示两种各有优势的方法:法向量形变法和各向异性形变法,前者适合于展现张量场的方向信息,后者适合于表现张量场的压缩和剪切性质。

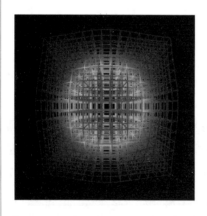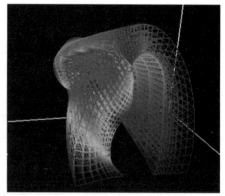

图 4.16　法向量方法(左)和各向异性形变法(右)

4.5　时间序列数据可视化

4.5.1　时间的属性

时间序列是指将同一统计指标的数值按其发生的时间先后顺序排列而成的数列。时间序列分析的主要目的是根据已有的历史数据对未来进行预测。经济数据中大多数以时间序列的形式给出,如图 4.17 所示。根据观察时间的不同,时间序列中的时间可以是年份、季度、月份或其他任何时间形式。

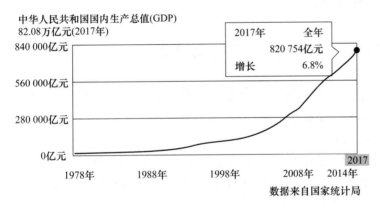

图 4.17　中国国内生产总值 GDP 随时间发展曲线图

时间序列往往由四个要素构成:长期趋势、季节变动、循环变动和不规则变动。

(1) 长期趋势(T)现象是在较长时期内受某种根本性因素作用而形成的总的变动趋势。

(2) 季节变动(S)现象是在一年内随着季节的变化而发生的有规律的周期性变动。

(3) 循环变动(C)现象是以若干年为周期所呈现出的波浪起伏形态的有规律的变动。

(4) 不规则变动(I)是一种无规律可循的变动,包括严格的随机变动和不规则的突发性影响很大的变动两种类型。

时间序列分析,正是根据客观事物发展的连续规律性,运用过去的历史数据,通过统计分析,进一步推测未来的发展趋势。事物的过去会延续到未来这个假设前提包含两层含义:一是不会发生突然的跳跃变化,是以相对小的步伐前进;二是过去和当前的现象可能表明现在和将来活动的发展变化趋向。这就决定了在一般情况下,时间序列分析法对于短、近期预测比较显著,但如延伸到更远的将来,就会出现很大的局限性,导致预测值偏离实际较大而使决策失误。

而具体到时间序列数据本身上,不同的时间序列数据往往具有不同的属性,但是根据其随时间的变化可以归纳为以下三类。

(1)非平稳性(nonstationarity,也译作不平稳性):即时间序列变量无法呈现出一个长期趋势并最终趋于一个常数或是一个线性函数。

(2)波动幅度随时间变化(time-varying volatility):即一个时间序列变量的方差随时间的变化而变化。这两个特征使得有效分析时间序列变量十分困难。

(3)平稳型时间数列(stationary time series):一个时间数列其统计特性将不随时间的变化而改变。

4.5.2 时序数据可视化方法

时序数据的可视化方法主要包括传统统计图表、树图、热力图、日历图、螺旋图等展示方法,接下来一一介绍。

(1)传统统计图表

传统统计图表是最简单而常见的时间序列数据的表示方法,如折线图、条形图、金字塔图、雷达图、星状图等。传统统计图"年航班乘客数量变动分析图"如图 4.18 所示。

时序数据的
可视化

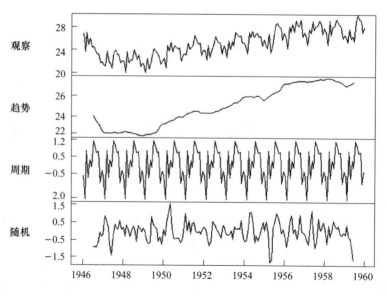

图 4.18　年航班乘客数量变动分析图

（2）树图

树图是一种层次数据的可视化方法。GOUTHAMIC 综合树图提供全局概貌和坐标轴统计图提供趋势特征的优势，设计了一种表示时间序列数据的树图可视化交互系统，并以微博数据、石油日产量数据等为例介绍树图表现时间序列数据的方法。

（3）热力图

热力图（heatmap）是时间序列数据进行聚类分析的有效方法，它采用颜色编码系统对数据进行可视化。主要有两类：一类为颜色矩阵图，用颜色值对二维阵列中的数值编码，如图 4.19 所示用 heatmap 表示某小学四个检测点全年用电量的变化规律；另一类热力图则以地图为背景，叠加显示与地理位置相关的热点，生成热点图，比如百度热力图。

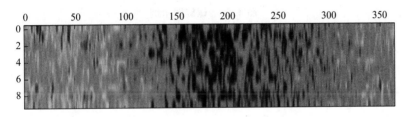

图 4.19　某小学全年用电量变化热力图

（4）日历图

VAN W 最先提出基于聚类和日历图的可视化方法，可表现和识别多时间尺度（天、周、月）的单变量时间序列数据的模式和趋势。日历图可按日历的形式展示时间序列数据的全局特征，对于单变量的、特定的、已知时间尺度的时间序列数据表现效果较好，而对多变量、模式未知、无先验知识的时间序列数据的表现具有一定局限性。

（5）螺旋图

如图 4.20 所示，螺旋图有利于分析时间序列数据的周期特征。Carlis 针对比较分析循环时间数据，提出了一种 Sprial Graph 的可视化方法，将时间轴设计成螺旋线，要分析的数据可以被渲染为螺旋上的点、线或者其他形状，从而更容易发现周期性事件。在这之后，也有从视觉表达和交互两方面对传统的螺旋图进行改进，用双色着色编码方法和"概括＋细节"的交互方式表现温度序列数据。

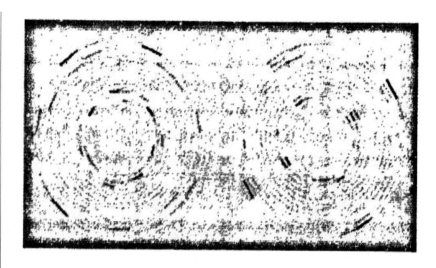

图 4.20　螺旋图示例

本 章 小 结

本章通过介绍不同维度的数据可视化,以及时间、空间等数据的一般可视化形式及方法,为读者提供了相应可视化的建议。

习　　题

(1) 一维、二维、三维可视化都包括了哪些方法?

(2) 如何进行空间数据可视化?

(3) 如何进行时间序列可视化?

第5章
高维非空间数据可视化

维是人们观察事物的角度,同样的数据从不同的维进行观察可能会得到不同的结果,同时也使人们更加全面和清楚地认识事物的本质。维度是数据的组织形式,可以分为一维、二维、三维等。超过三维的数据一般称为高维数据。

一维数据由对等关系的有序或无序数据构成,采用线性方式组织,线上的每个点的位置可以用一个坐标值来表示,如图5.1所示。

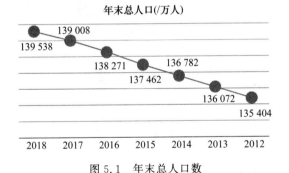

图5.1　年末总人口数

二维数据由多个一维数据构成,是一维数据的组合形式,二维数据中某个点的位置可以用两个坐标值来表示,如图5.2所示。

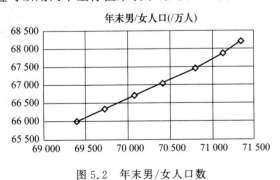

图5.2　年末男/女人口数

高维数据是一维或二维数据在新维度上的扩展形式,利用最简单的二元关系展示数据间的复杂结构,如图5.3所示。

指标	2018年	2017年	2016年	2015年	2014年	2013年	2012年
年末总人口/万人	139 538	139 008	138 271	137 462	136 782	136 072	135 404
男性人口/万人	71 351	71 137	70 815	70 414	70 079	69 728	69 395
女性人口/万人	68 187	67 871	67 456	67 048	66 703	66 344	66 009
城镇人口/万人	83 137	81 347	79 298	77 116	74 916	73 111	71 182
乡村人口/万人	56 401	57 661	58 973	60 346	61 866	62 961	64 222
…	…	…	…	…	…	…	…

图5.3　年末不同类别人口数

对维度并非特别高的数据进行可视化,比较简单的思路之一就是通过增加视觉通道来表达更多的属性信息,如散点图中通过散点的形状、散点的填充形式、散点的颜色、散点的大小等特征表示不同的属性,如图5.4所示。

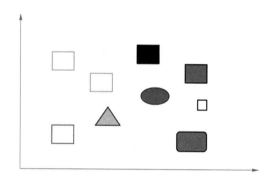

图5.4　增加视觉通道示意图

思路之二是通过多个相互关联的视图协调展示。例如,通过对数据的维度的不同展示,如图5.5所示。

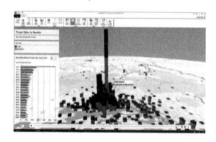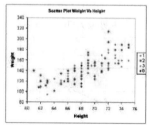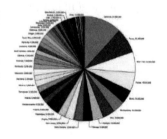

图5.5　其他示意图

　　对于非常高维度的数据的展示,需要通过一定的方式进行数据的变换来降低数据维度,使数据可以在低维空间中展示。

　　人眼所能感知的空间最高是三维,因此高维数据可视化的重要目标是将高维数据通过一定方式呈现在三维或者二维、一维空间内。

　　高维数据变换的主要目的是将 M 维数据投射到 N 维空间内($M \geqslant N$),方便用户观察数据的特征和分布情况,该过程称为降维。降维后数据维度减少,必然会导致原始信息的丢失,从而在低维空间上的可视化和用户交互不能保证对原始的高维数据的准确理解,而且还可能引入原本不存在的信息,因此降维的核心问题是如何尽可能地保留高维空间的重要信息。

5.1　高维数据变换

　　降低数据维度可以利用线性或非线性变换把高维数据投影到低维空间,通过投影保留数据间的重要关系(如保持数据区分,无信息损失等)。

　　降维常用的线性变换方法有主成分分析(PCA)、多维尺度分析(MDS)、非负矩阵分解(NMF),常用的非线性变换有等距映射(ISOMAP)、局部线性嵌入法(LLE)。下面将以主成分分析、多维尺度分析、等距映射、局部线性嵌入为例介绍降维的原理。

5.1.1　主成分分析法

　　主成分分析(principal component analysis,PCA)是一种统计方法。通过正交变换将一组可能存在相关性的变量转换为一组线性不相关的变量,转换后的这组变量称为主成分。

高维数据变换
PCA 方法

　　主成分分析是设法将原来众多具有一定相关性的指标重新组合成一组新的互相无关的综合指标来代替原来的指标。研究如何通过少数几个主成分来揭示多个变量间的内部结构,即从原始变量中导出少数几个主成分,使它们尽可能多地保留原始变量的信息,且彼此间互不相关。通常数学上的处理就是将原来多个指标作线性组合,作为新的综合指标。

　　假设在实际问题中,有 m 个样本,每个样本 p 个指标,我们把这 p 个指标看作 p 个随机变量,记为 $X_1, X_2, \cdots, X_p$,主成分分析就是要把这 p 个指标的问题,转变为讨论 p 个指标的线性组合的问题,而这些新的指标 $F_1, F_2, \cdots, F_k (k \leqslant p)$,按照保留主要信息量的原则充分反映原指标的信息,并且相互独立。这种由讨论多个指标降为少数几个综合指标的过程在数学上就称为降维。主成分分析通常的做法是,寻求原指标的线性组合 F_i。

$$F_1 = u_{11}X_1 + u_{21}X_2 + \cdots + u_{p1}X_p$$
$$F_2 = u_{12}X_1 + u_{22}X_2 + \cdots + u_{p2}X_p$$
$$\vdots$$
$$F_1 = u_{1p}X_1 + u_{2p}X_2 + \cdots + u_{pp}X_p$$

且满足以下几个条件:

(1) 每个主成分的系数平方和为 1。即

$$u_{1i}^2 + u_{2i}^2 + \cdots + u_{pi}^2 = 1$$

(2) 主成分之间相互独立,即无重叠的信息。即

$$\mathrm{Cov}(F_i, F_j) = 0, \quad i \neq j; \quad i, j = 1, 2, \cdots, p$$

(3) 主成分的方差依次递减,重要性依次递减,即

$$\mathrm{Var}(F_1) \geqslant \mathrm{Var}(F_2) \geqslant \cdots \geqslant \mathrm{Var}(F_p)$$

为了方便,我们在二维空间中讨论主成分的几何意义。设有 n 个样品,每个样品有两个观测变量 X_1 和 X_2,在由变量 X_1 和 X_2 所确定的二维平面中,n 个样本点所散布的情况如椭圆状,如图 5.6 所示。

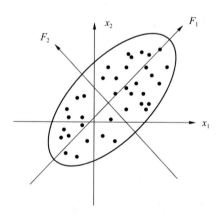

图 5.6　样本散布图

由图 5.6 可以看出这 n 个样本点无论是沿着 X_1 轴方向或 X_2 轴方向都具有较大的离散性,其离散的程度可以分别用观测变量 X_1 的方差和 X_2 的方差定量地表示。显然,如果只考虑 X_1 和 X_2 中的任何一个,那么包含在原始数据中的经济信息将会有较大的损失。

如果我们将 X_1 轴和 X_2 轴先平移,再同时按逆时针方向旋转 θ 角度,得到新坐标轴 F_1 和 F_2。F_1 和 F_2 是两个新变量,如图 5.7 所示。

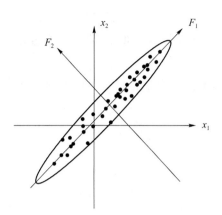

图 5.7 坐标轴变换

根据旋转变换的公式:

$$\begin{cases} y_1 = x_1 \cos \theta + x_2 \sin \theta \\ y_2 = -x_1 \sin \theta + x_2 \cos \theta \end{cases}$$

$$\begin{pmatrix} y_1 \\ y_2 \end{pmatrix} = \begin{pmatrix} \cos \theta & \sin \theta \\ -\sin \theta & \cos \theta \end{pmatrix} \begin{pmatrix} x_1 \\ x_2 \end{pmatrix} = U'x$$

U' 为旋转变换矩阵,它是正交矩阵,即有 $U' = U-1, U'U = I$。

旋转变换的目的是使得 n 个样品点在 F_1 轴方向上的离散程度最大,即 F_1 的方差最大。变量 F_1 代表了原始数据的绝大部分信息,在研究某经济问题时,即使不考虑变量 F_2 也无损大局。经过上述旋转变换,原始数据的大部分信息集中到 F_1 轴上,对数据中包含的信息起到了浓缩作用,如图 5.8 所示。

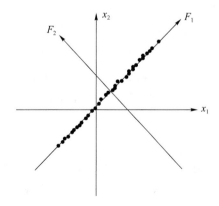

图 5.8 旋转坐标轴

F_1, F_2 除可以对包含在 X_1, X_2 中的信息起浓缩作用外,还具有不相关的性质,这就使得在研究复杂的问题时避免了信息重叠带来的虚假性。

二维平面上的个点的方差大部分都归结在 F_1 轴上,而 F_2 轴上的方差很小。F_1 和 F_2 称为原始变量 X_1 和 X_2 的综合变量。F 简化了系统结构,抓住了主要矛盾。

在实际问题中,X 的协方差通常是未知的,样品有:

$$X_1=(x_{1l},x_{2l},\cdots,x_{pl})',\quad l=1,2,\cdots,n$$

其协方差矩阵为:

$$\hat{\Sigma}_x=\left(\frac{1}{n-1}\sum_{l=1}^{n}(x_{il}-\bar{x}_i)(x_{jl}-\bar{x}_j)\right)_{p\times p}$$

基于协方差矩阵的主成分分析的计算步骤为

(1) 由 X 的协方差阵 $\hat{\Sigma}_x$,求出其特征根,即解方程 $|\hat{\Sigma}_x-\lambda I|=0$,可得特征根 $\lambda_1\geqslant\lambda_2\geqslant\cdots\geqslant\lambda_p\geqslant0$。

(2) 求出分别所对应的特征向量 $U_1,U_2,\cdots,U_p,U_i=(u_{1i},u_{2i},\cdots,u_{pi})$。

(3) 计算累积贡献率,给出恰当的主成分个数

$$F_i=U_i'X,\quad i=1,2,\cdots,k(k\leqslant p)$$

(4) 计算所选出的 k 个主成分的得分。将原始数据的中心化值

$$X_i^*=X_i-\bar{X}=(x_{1i}-\bar{x}_1,x_{2i}-\bar{x}_2,\cdots,x_{pi}-\bar{x}_p)'$$

代入前 k 个主成分的表达式,分别计算出各单位 k 个主成分的得分,并按得分值的大小排序。

5.1.2 多维尺度分析法

多维尺度分析(multidimensional scaling,MDS,又译为多维标度)也称作"相似度结构分析"(similarity structure analysis),是根据具有很多维度的样本或变量之间的相似性(距离近)或非相似性(距离远,即通过计算其距离)来对其进行分类的一种统计学研究方法。在 MDS-map 中,用空间(space)和距离(distance)来体现各个点之间的关系,来判断网络中各个点的分布情况、网络的密集情况等。也就是可以发现在整个网络中有哪些小组分布。

MDS 基于以下三个假设:

(1) 有许多特征是互相关联的,而受测者原本并不知道其特征为何。

(2) 存在着这样一个空间:它的正交轴是欲寻找的特征。

(3) 这个特征空间满足这个要求:相似的对象能以相对较小的距离描摹出来。

多维标度是一个探索性的过程方法,通过减少观察的项目,如果可能则在数据中揭示现有结构,揭示相关特征来寻找尽可能低维度的空间,空

高维数据变换 MDS方法

间必须满足"单调条件",解释空间的轴,依照假设提供关于感知和评判过程的信息。

下面以城市间的飞行距离为例,说明 MDS 方法的效果。将每个城市当作一个数据点,数据间的距离(也可视为差异)作为数据矩阵如表 5.1 所示。令 $N=2$,即降维后空间为二维平面。

表 5.1   不同城市之间的距离矩阵

	芝加哥	罗利	波士顿	西雅图	旧金山	奥斯汀	奥兰多
芝加哥	0						
罗利	641	0					
波士顿	851	608	0				
西雅图	1 733	2 363	2 488	0			
旧金山	1 855	2 406	2 696	684	0		
奥斯汀	972	1 167	1 691	1 764	1 495	0	
奥兰多	994	520	1 105	2 565	2 458	1 015	0

5.1.3   等距映射法

等距映射(isometric feature mapping,ISOMAP)是流形学习的一种,用于非线性数据降维,主要目标是对于给定的高维流形,欲找到其对应的低维嵌入,使得高维流形上数据点间的近邻结构在低维嵌入中得以保持。

它所采用的核心算法和 MDS 是一致的,区别在于原始空间中的距离矩阵的计算上。很多数据是非线性结构,不适合直接采用 PCA 算法和 MDS 算法。在非线性数据结构中,流形上距离很远(测地线距离)的两个数据点,在高维空间中的距离(欧氏距离)可能非常近,如图 5.9 所示。

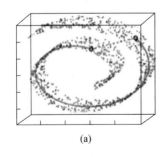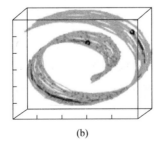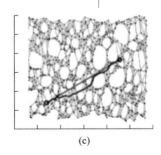

(a)   (b)   (c)

图 5.9   非线性数据结构示例

(a) 散点组成的旋转曲面上两点间的距离并不能代表它们在数据之间的差异。

（b）连接两个远点的曲线显示了两个数据点间的真实路径。

（c）经过 ISOMAP 处理过的平面上，两点间的直线距离和真实距离（曲线）非常接近。

只有测地线距离才反映了流形的真实低维几何结构。ISOMAP 建立在 MDS 的基础上，保留的是非线性数据的本质几何结构，即任意点对之间的测地线距离。

与 MDS 的区别在于 MDS 采用两点间的欧氏距离而 ISOMAP 采用测地线距离来刻画两点间的距离。ISOMAP 先计算数据点间的测地线距离，然后对所生成的距离矩阵使用经典多尺度分析获得相应的低维投影。

等距映射法的核心是离得很近的点的测地线距离采用欧氏距离代替，而离得较远的点间的测地线距离用最短路径来逼近。

5.1.4 局部线性嵌入法

局部线性嵌入（locally linear embedding）算法是针对非线性信号特征矢量维数的优化方法，这种维数优化并不是仅仅在数量上简单的约简，而是在保持原始数据性质不变的情况下，将高维空间的信号映射到低维空间上，即特征值的二次提取。LLE 算法假设在局部领域内数据点是线性的，所以邻域内任意一点，都可用局部近邻点来线性表示。LLE 算法是由重构成本函数最小化求出最优权值，各点的局部邻域权值能够在多尺度变换下仍保持不变。LLE 算法无迭代计算过程，可使计算复杂度大幅度减小。

LLE 首先假设数据在较小的局部是线性的，也就是说，某一个数据可以由它邻域中的几个样本来线性表示。比如我们有一个样本 x_1，在它的原始高维邻域里用 K-近邻思想找到和它最近的三个样本 x_2, x_3, x_4，然后假设 x_1 可以由 x_2, x_3, x_4 线性表示，即

$$x_1 = w_{12} x_2 + w_{13} x_3 + w_{14} x_4$$

其中，w_{12}, w_{13}, w_{14} 为权重系数。通过 LLE 降维后，我们希望 x_1 在低维空间对应的投影 x_1' 和 x_2, x_3, x_4 对应的投影 x_2', x_3', x_4' 也尽量保持同样的线性关系，即

$$x_1 \approx w_{12} x_2' + w_{13} x_3' + w_{14} x_4'$$

也就是说，投影前后线性关系的权重系数 w_{12}, w_{13}, w_{14} 是尽量不变或者最小改变的。从上面可以看出，线性关系只在样本的附近起作用，离样本远的样本对局部的线性关系没有影响，因此降维的复杂度降低了很多。

LLE 算法主要分为三步。第一步是求 K 近邻的过程，这个过程使用

了和 KNN 算法一样的求最近邻的方法。第二步是对每个样本求它在邻域里的 K 个近邻的线性关系,得到线性关系权重系数 $\boldsymbol{W}$。第三步是利用权重系数来在低维里重构样本数据。

具体过程如下:输入为样本集 $\boldsymbol{D}=\{\boldsymbol{x}_1,\boldsymbol{x}_2,\cdots,\boldsymbol{x}_m\}$,最近邻数 k,降维到的维数 d,输出是低维样本集矩阵 $\boldsymbol{D}'$。

(1) for i 1 to m,按欧氏距离作为度量,计算和 x_i 最近的 k 个最近邻 $(x_{i1},x_{i2},\cdots,x_{ik})$。

(2) for i 1 to m,求出局部协方差矩阵 $\boldsymbol{Z}_i=(\boldsymbol{x}_i-\boldsymbol{x}_j)T(\boldsymbol{x}_i-\boldsymbol{x}_j)$,并求出对应的权重系数向量:

$$\boldsymbol{W}_i=\frac{\boldsymbol{Z}_i^{-1}\boldsymbol{I}_k}{\boldsymbol{I}_k^{\mathrm{T}}\boldsymbol{Z}_i^{-1}\boldsymbol{I}_k}$$

(3) 由权重系数向量 $\boldsymbol{W}_i$ 组成权重系数矩阵 $\boldsymbol{W}$,计算矩阵 $\boldsymbol{M}=(\boldsymbol{I}-\boldsymbol{W})(\boldsymbol{I}-\boldsymbol{W})T$。

(4) 计算矩阵 $\boldsymbol{M}$ 的前 $d+1$ 个特征值,并计算这 $d+1$ 个特征值对应的特征向量 $\{y_1,y_2,\cdots,y_{d+1}\}$。

(5) 由第二个特征向量到第 $d+1$ 个特征向量所张成的矩阵即为输出低维样本集矩阵 $\boldsymbol{D}'=(y_2,y_3,\cdots,y_{d+1})$。

整个 LLE 算法用一张图可以表示如图 5.10 所示。

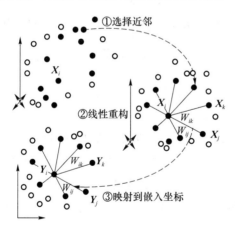

图 5.10　LLE 算法

5.2　高维数据的可视化呈现

高维数据的呈现主要有四种方法,分别是基于点、基于线、基于区域、基于样本的方法。基于点的方法常见的有散点矩阵、径向布局法。基于线的方法常见的有线图、平行坐标、径向轴法。基于区域的方法常见的有柱状图、表格显示、像素图、维度堆叠图、马赛克图法。基于样本的方法常见的有切尔诺夫脸谱图、邮票图法。下面举例说明各种高维数据的可视化呈现方式。

5.2.1 基于点的方法

基于点的方法有散点矩阵和径向布局法。散点矩阵是使用一个二维散点图表达每对维度间的关系，用来直观地显示两个维度间的相关性。图 5.11 所示为二维散点图示例和多属性散点图示例。

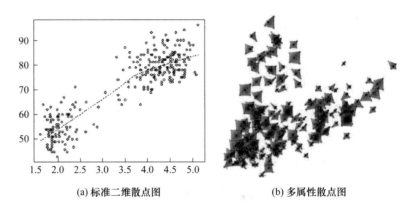

(a) 标准二维散点图   (b) 多属性散点图

图 5.11   二维散点图和多属性散点图示例

数据维度大于 3 时，可将散点图作为基础显示方式，从以下几个方面改进可视化设计与交互：

(1) 从维度考虑。选取当前最重要的数据维度子集。

(2) 对数据降维。使用前面介绍的主成分分析或多维尺度分析方法降维，再采用散点图显示降维后的数据。

(3) 对属性编码。除位置因素外，对于额外的数据属性可以用散点的视觉通道来编码。

高维数据基于点
的可视化方法

(4) 使用多个图辅助显示，可以显示多个子空间。每个子空间包含数据的部分维度，多个子空间可以采用矩阵的形式排列，也可以部分重叠。多图显示常用的方法是散点图矩阵，该方法将子空间排成 $N * N$ 的格子（N 是维度的个数），结果沿着对角线对称排列。其中对角线上的子空间对应于单个维度。

径向布局法（RadViz）是一种基于弹簧模型的圆形布局方法。该方法将代表 N 维的 N 个锚点放置于圆周上，根据 N 个锚点作用的 N 种力量将数据点散布于圆内,作用力大小取决于具体的数据值,不同的锚点摆放和顺序会导致不同的结果。

如图 5.12 为汽车的 6 个属性:气缸个数、重量、马力、发动机大小(升)、乘客容量、城市 MPG 对汽车售价影响的径向布局图,(a)、(b)两个图显示了不同摆放顺序导致的不同数据布局图。

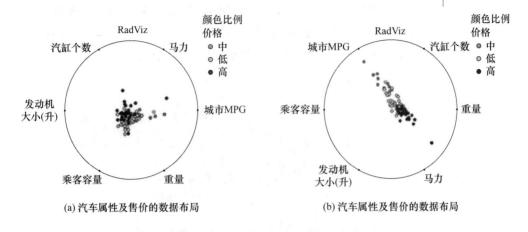

(a) 汽车属性及售价的数据布局　　　　(b) 汽车属性及售价的数据布局

图 5.12　汽车属性的径向布局图

径向布局法的一个变种是向量化的径向布局法(VRV),VRV 方法将同一数据属性分散成多个维度,以便观察研究数据的分布关系。新的维度的个数有两种确定方式:用户给定,算法给定,类似选取合适的数据类的过程。这样每个原始的维度都由一组新的维度表示。图 5.13 展示了 RadViz 和 VRV 分别应用与一个具有 3 个属性的数据集的结果。在 VRV 中,每个属性被人为分为 10 个维度因此一共 30 个维度。由图可以看出,数据点被清晰地分为若干个类别。

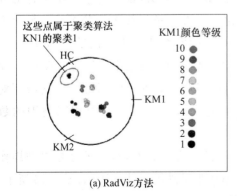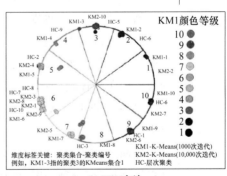

(a) RadViz方法　　　　　　　　(b) VRV方法

图 5.13　向量化径向布局示意图

5.2.2 基于线的方法

基于线的方法常见的有线图法、平行坐标法、径向轴法。

线图通常用来进行单变量的可视化,但通过多个子图、多条线的方法可以用来表示高维数据,通过不同的诗句通道也可以用来编码不同的数据属性。图 5.14 所示为鸢尾花数据的线图方式可视化。

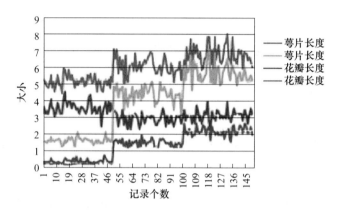

图 5.14 鸢尾花数据的可视化

线图的不足之处在于当数据的维度较大时不能简单地将线图叠加,如果将线图简单叠加,难以分辨单个数据。解决方案是先将线图按维度排列,每一个维度都有独立的横坐标,且这些横坐标平行排列、均匀分布。然后将数据点根据在相应维度上的数值排序,以线图形式展示。

平行坐标法是一种基于几何形状的方法,基本思想是用平行的轴代表数据的属性,一个数据点转化为穿过每条轴线的一条折线。采用平行坐标展示高维数据的基本原理是线的密度能呈现不同数据属性的关系。如图 5.15 所示,密集的线的位置代表了明显的维度之间的关联关系,交叉的线代表了维度之间的对立关系,相对独立的或者斜度较大的线则对应了相对独立的维度关系,走势相近的线可以视为具有相同类别的数据聚类。

径向轴技术是平行坐标法的径向排列版本,基本思路是以圆周作为坐标轴,沿圆周绘制线图,该技术用来呈现周期性规律,如图 5.16 所示,径向轴线图的变种有雷达图、星状图。

与传统柱状图相比,径向轴线图的优点是利于比较径向上的数据,但不便于比较相邻的数据元素。

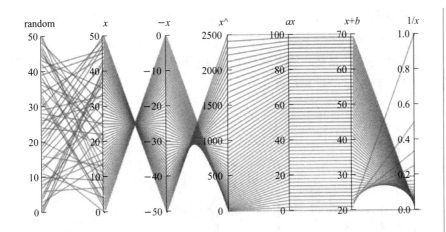

图 5.15 平行坐标法示例

高维数据基于线
的可视化方法

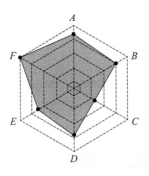

图 5.16 雷达图示意图

5.2.3 基于区域的方法

基于区域的方法常见的有柱状图、表格显示、像素图、维度堆叠图、马赛克图法。

柱状图是一种采用填充的长方柱,以尺寸、填充颜色和填充模式等编码多维度数据的不同属性的数据可视化方式,有水平柱状图和垂直树状图两种类型。柱状图的参数是长方形个数,当数据属性个数较少时,一个长方形代表一个数据,当数据属性是连续的或范围较大时,可以分割为多个区域每个区域用一个长方形表示。高维数据采用柱状图可视化时还可以用堆叠图的形式。图 5.17 所示为垂直柱状图和其堆叠图。

表格显示方式常用于显示以表格形式存储的多维数据,其中热力图是表格显示法的典型代表。热力图是一种将规则化数据转换为颜色色调的常用可视化方法,其中每个规则单元对应数据的某些属性,属性的值通过颜色映射表转换为不同的色调并填充规则单元。表格坐标的排列和更换顺序可以帮助用户发现数据的不同性质，比如行和列的顺序可以帮助将数据排列成三角格式或发现数据中的不同聚类。图 5.18 是热力图绘制的一个基因测试的数据示例。

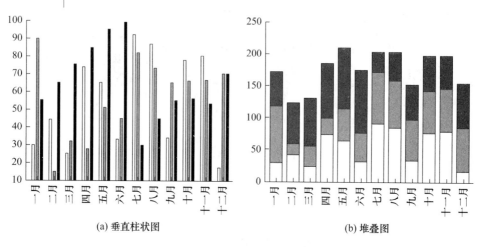

(a) 垂直柱状图　　　　　　　　　　　　　(b) 堆叠图

图 5.17　垂直柱状图和其堆叠图

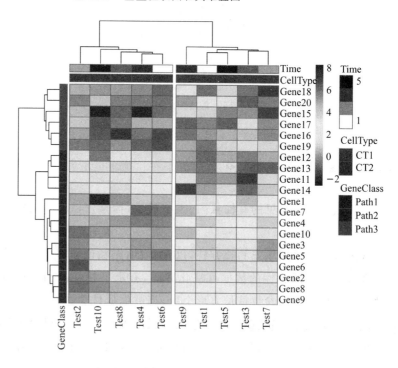

图 5.18　热力图示例

像素图是一种介于点方法和区域方法的混合方法。采用一个颜色填充的小方块表示每个数据的单个维度的属性，每个数据属性决定一个单独像素的颜色。这种方法的优点是最大程度利用了屏幕的空间,可以用来显示数百万个像素点;特点是像素图的基本原理简单,但实际应用需要综合考虑布局像素、像素图的形状、数据属性的顺序等设置,而且像素图的效率取决于单个像素块中数据属性排列的顺序,较好的顺序更便于用户发现数据的内在规律,达到最优的效果通常需要求解一个复杂的离散优化问题;难点在于如何设计数据属性的编码、布局和颜色映射图,以有效展示数据的性质。图 5.19 为像素图的示例。

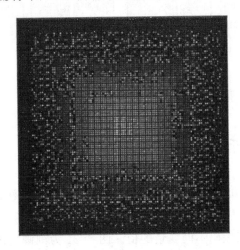

图 5.19　像素图的示例

维度堆叠法的基本思想是将离散的 N 维空间映射到二维空间,最小化数据的重叠,从而保留尽可能多的空间信息,映射的核心在于将二维空间中多个独立的数据属性迭代划分为若干网络,从而灵活地存储多维数据。可以将维度堆叠图看作一个 N 维空间的直方图,使用颜色或灰度而不是数据点的位置或形状表达数据属性的值。这种方法的优点是增加了表达的信息量,可用于比较同类格式、不同数据的差别,缺点是降低了可感知性,同时在增加维度时也增加了绘制的空白区间,造成屏幕的浪费。

马赛克图法类似维度堆叠法,通过划分二维空间来可视化多维数据,不同在于马赛克图是根据数据的分布来分配子空间的大小,维度堆叠均匀地分布空间。马赛克图有几种变种:波动图、多维柱状图、匹配空间、重叠图。马赛克图的过程是:第一步根据第一维度水平划分空间,第二步根据第二维度垂直划分空间,之后迭代重复第一、第二步直到遍历完所有维度。图 5.20 为马赛克图的过程示例。

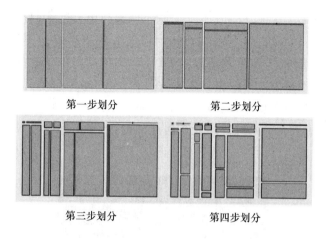

第一步划分　　　　　第二步划分

第三步划分　　　　　第四步划分

图 5.20　马赛克图过程示例

5.2.4　基于样本的方法

基于样本的方法常见的有切尔诺夫脸谱图、邮票图法。

切尔诺夫脸谱图是利用人们对脸部特征的熟识和对微小变化的敏感性,使用人脸特征编码不同变量的值。图 5.21 为刻画美国各州的犯罪情况的切尔诺夫脸谱图,脸谱图通过头发、眼睛高度、鼻子高度等特征来描述典型罪犯脸部特征,从脸谱中容易看出不同年度的典型脸谱图不一样,同样不同地区的脸谱图也会存在差异。

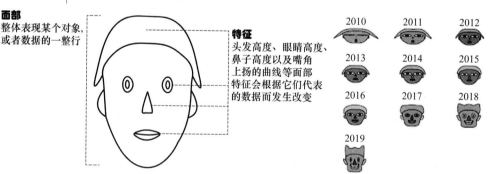

图 5.21　美国各州犯罪情况的切尔诺夫脸谱图

邮票图法将高维数据的多个视图以邮票大小按照一定顺序排列,从而将不同时间和空间的一系列高维数据摆放于同一个视图,该方法为比较多个数据属性提供了一个直接的方案。图 5.22 为采用邮票图法展示的2000—2010 年美国不同行业的失业率走势图。

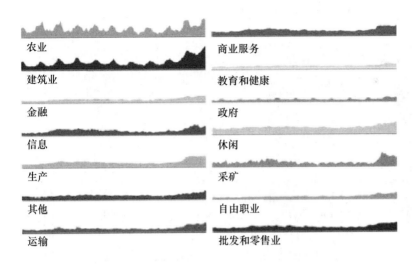

图 5.22　美国不同行业失业率走势图

5.3　高维数据的可视化交互

　　对于大规模高维数据的可视化来说,最大的挑战是显示空间以及数据的复杂度。解决方法往往是通过可视化交互,用户选择感兴趣的数据和调整可视化结果。常见的可视化交互方式有灰尘与磁铁、过滤、放大、画笔和链接、灵活轴线法。下面介绍这几种交互方式。

　　1. 灰尘与磁铁

　　灰尘也用铁屑表示,代表的是数据点,磁铁代表属性筛选,生活中不断抖动磁铁,灰尘会向其靠近,在可视化交互中靠近的速度代表数据点在该属性上的数值大小。

　　2. 过滤

　　过滤是对大规模数据采用分治法,将数据分为多个部分,集中处理重要的部分。选择重要的数据有两种方式实现:第一种是交互地浏览数据;第二种是通过滚动条等交互工具限定各类数据属性的范围。过滤镜方法是过滤法的一种形式,该方法模拟放大镜的概念,通过放大被过滤镜覆盖的区域确认并选取数据,然后对被选中的数据区域采用与其他区域不同的可视化方法。

　　3. 放大

　　图 5.23 展示了高维数据的表格显示可视化结果,图中同时采用散点图、直方图、柱状图、文本的显示方式,其中部分表格被放大以突显细节,

而文本格式则显示了具体的数据内容。

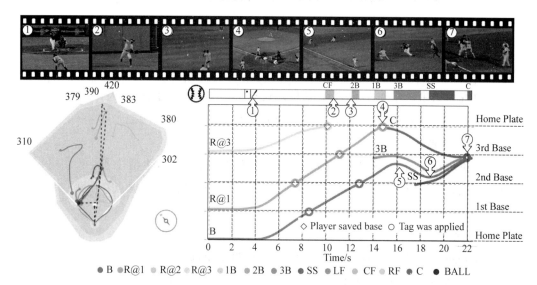

图 5.23　高维数据的可视化结果

4. 画笔和链接

通常对同一个高维数据应用不同的可视化方法将导致多种可视化视图,而画笔和链接就是将画笔在某个视图中选取的数据属性和范围自动与其他视图链接,并在其他视图中显示被选中的内容。例如,在点视图中选取若干个数据点,被选中的数据将在其他视图中通过突出颜色、尺寸或形状的形式被自动高亮。

5．灵活轴线法

高维数据的可视化方法中很多都用到了轴线，如散点图的坐标和平行坐标中的平行轴线。灵活轴线法允许轴线自由地设置和布局，并提供了一种交互机制允许用户在屏幕上绘制轴线、选择轴线的对应关系，并选择常用的可视化方法。图 5.24 展示了灵活轴线法绘制的来自三个产地的汽车数据。在左图中若用户对加速度大、节能的汽车感兴趣，可以选择散点图探索加速度和 MPG 的关系。右图中选择加速度大且 MPG 高的类型，可以看出这些车的质量都比较小。

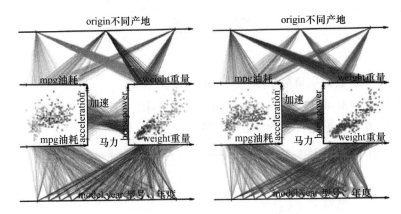

图 5.24　三个产地的汽车数据示例

上面介绍了四类高维数据可视化方法，下面以表格的形式来对比这些方法，如表 5.2 所示。

表 5.2　四种不同高维可视化方式的对比

编码方法/对象	基于点	基于线	基于区域	基于样本
单属性值	无	轴坐标	带颜色的点	基本可视化元素
全属性值	无	轴坐标的链接	填充色块	可视化元素组合
多属性关系	无	轴坐标对比	以属性为索引的填充色块对比	无
多数据点关系	散点布局	折线端的相似性	以数据序号为索引填充色块对比	样本的排列对比
适用范围	分析数据点的关系	分析各数据属性的关系	大规模数据集的全属性的同步比较	少量数据点的全属性的同步比较

本 章 小 结

本章通过高维数据变换、高维数据可视化、可视化交互等的介绍，为读者提供了相对完整的高维非空间数据的可视化方法。通过本章学习，读者可了解高维数据可视化的一般思路和方法。

习　　题

（1）高维数据变换包括哪些典型的方法？

（2）如何有效地进行高维数据的可视化呈现？

（3）高维数据的可视化交互包括哪些要素？

第6章

层次和网络数据可视化

层次与网络数据也是常见的数据类型，本章介绍上述两种类型数据的可视化方法。希望通过本章的学习，读者可以了解到一些新的可视化方法。

6.1　层次数据可视化

层次数据模型是用树状＜层次＞结构来组织数据的数据模型。该模型的图形表示是一棵倒立生长的树，由基本数据结构中树（或者二叉树）的定义可知，每棵树都有且仅有一个根节点，其余的节点都是非根节点。每个节点表示一个记录类型对应与实体的概念，记录类型的各个字段对应实体的各个属性，各个记录类型及其字段都必须记录。

在层次数据模型中，整个模型中有且仅有一个节点没有父节点，其余的节点必须有且仅有一个父节点，但是所有的节点都可以不存在子节点；所有的子节点不能脱离父节点而单独存在，也就是说如果要删除父节点，那么父节点下面的所有子节点都要同时删除，但是可以单独删除一些叶子节点；每个记录类型有且仅有一条从父节点通向自身的路径。

如图6.1所示，以学校某个系的组织结构为例，说明层次数据模型的结构：

记录类型系是根节点，其属性为系编号和系名。

记录类型教研室和学生分别构成了记录类型系的子节点，教研室的属性有教研室编号和教研室名，学生的属性分别是学号、姓名和成绩。

记录类型教师是教研室这一实体的子节点，其属性由教师的编号，教师的姓名，教师的研究方向。

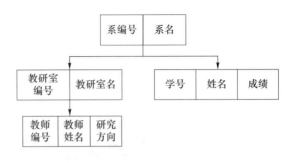

图 6.1　院系人员组成结构图

　　层次数据模型的结构简单、清晰、明朗,很容易看到各个实体之间的联系;操作层次数据类型的数据库语句比较简单,只需要几条语句就可以完成数据库的操作;层次数据的查询效率较高,在层次数据模型中,有向边表示了节点之间的联系,在数据库管理系统(DBMS)中如果有向边借助指针实现,那么依据路径很容易找到待查的记录;同时层次数据模型还提供了较好的数据完整性支持,正如上所说,如果要删除父节点,那么其下的所有子节点都要同时删除;图 6.1 中,如果想要删除教研室,则其下的所有教师都要删除。

　　与此同时,层次数据模型还具有结构呆板,缺乏灵活性的缺点;层次数据模型只能表示实体之间的 $1:n$ 的关系,不能表示 $m:n$ 的复杂关系,因此现实世界中的很多模型不能通过该模型方便地表示;查询节点的时候必须知道其双亲节点,因此限制了对数据库存取路径的控制。

　　在层次数据可视化的研究中,大多数工作主要集中在如何更好地利用可视化的语言表达数据中的个体以及个体之间的关联,而对层次数据的比较关注较少。层次数据具有很强的结构性,所以层次数据的比较可视化研究非常有必要。同时越来越多的人开始关注可视化中的比较任务,而从广泛意义上讲,可视化是一种比较的科学。可视化作品的设计者往往需要考虑采用何种方式方法编码数据实体的属性能够增强对比性,通过增强对比来增强对人眼的刺激从而帮助用户更好地理解数据。比如柱状图通过高度的差异反映数据值的差异,热力图通过颜色的对比反映数据值的大小。

　　层次数据可视化发展至今,根据节点间关系的表现形式,可以归为两类方法:节点链接法和空间填充法。节点链接法用点之间的连线表示父子节点关系,而在空间法中,节点的父子关系用图形的包含关系表示。节点链接法是最直观的层次数据可视化方法,对数据的层次结构有很好地展示,但是空间利用率低且不平均,靠近根节点的位置空间松散而叶子节点位置的节点多而紧密。空间填充法提高了空间的利用率,但却是以牺牲数据结构性展示为代价,所以当与结构相关的信息处于次要的位置时多采用空间填充法。

6.1.1 节点链接法

在节点链接法中,每个点表示一个实体对象,实体对象之间的关系用连线表示。节点链接法的优点在于它能够清晰地表达数据的层次结构,缺点在于当数据量增大时,节点数量随着深度的增加呈指数增长,接近根节点的位置节点较少而远离根节点的位置节点较多,使得空间利用率不高并且空间分配不均匀,在远离根节点的地方位置容易形成聚集。

节点链接法中,上下/左右布局是最基本的方式,如图 6.2 所示,接近根节点的地方节点稀疏,越靠近叶子节点越密集,当在每个节点上附加一个说明性的标签时,很容易出现重叠,尤其是在低层次元素较多的时候这种情况更加明显。

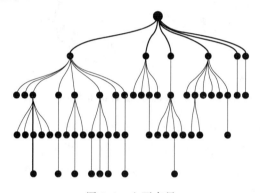

图 6.2 上下布局

解决空间分布不均匀的一种方法是采用径向布局。双曲线树(hyperbolic tree)将子节点空间限制在父节点所在位置所形成的双曲线空间内,如图 6.3 所示。

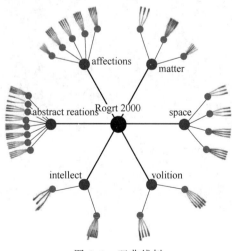

图 6.3 双曲线树

在一定程度上缓解了节点空间分布的问题。放射状树（radial tree）采用放射形的元素排列，所有叶子节点被放置在一个同心圆上，如图 6.4 所示。

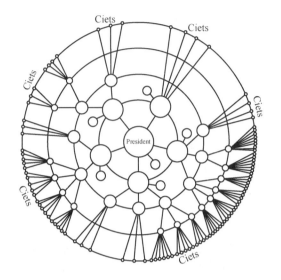

图 6.4　放射状树

放射状树相比上下/左右的布局方式空间利用率显著提高，但是由于元素不在一个平面上，很难区分一组元素是不是属于同一个层次，所以进行同一层次元素属性比较的时候不是很直观。图 6.5 是圆锥树，是放射状树在三维空间上的扩展。

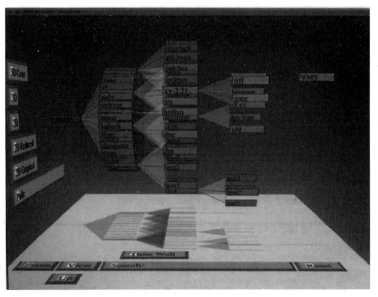

图 6.5　圆锥树

如图 6.6 所示的气泡图中,采用的方式是将父节点放在一个圆形的中间,其子节点环绕在周围,递归采用相同的方式布局子节点直到叶子节点。气泡图在一定程度上提高了空间利用率。其他还有放射布局、双曲线布局以及雷达布局等方式都通过改变子树延伸的方向来弥补普通从上到下或从左到右布局空间利用率低的缺点。

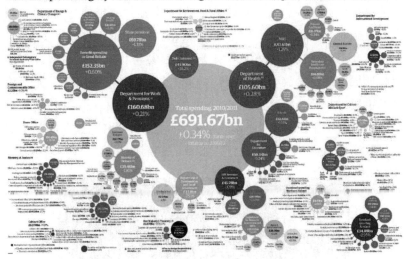

图 6.6　气泡图

H-Tree(图 6.7)是一种分形的树可视化,节点具有自相似的特性,适用于二叉树的可视化,广泛应用在超大规模集成电路(VLSI)设计中。

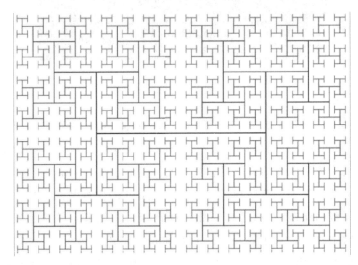

图 6.7　H-tree

6.1.2 空间嵌套填充法

树图(tree map)起源于文氏图(Venn diagram),1991 年由 Bran Johnson 和 Ben Shneiderman 提出。树图能够最大限度地利用空间资源,但是对层次信息的展示不是很明显。在可视化层次结构的数据时,树图是个不错的选择,缺点在于整个数据的层次结构不太清晰,这个问题虽然可以通过矩形边框特殊化的方式解决,但是会浪费一定的空间,而且当层次结构复杂时效果也不会很好。如果数据层次较深且数据较多,低层的元素可能会退化成接近像素点的矩形,不容易辨认。常用的解决方法是通过将低层次的元素聚合到高层次的元素,同时提供显示聚合元素信息的交互手段。

Cushion 树图通过添加阴影效果来增强层次结构信息,同时每个矩形通过脊状线(ridges)来增强层次感,如图 6.8 所示。

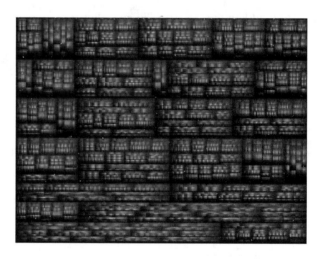

图 6.8 Cushion 树图

这在一定程度上弥补了树图对层次信息展示不明显的缺点。Squarified 树图提出的布局算法用于解决原始算法无法识别细长矩形的问题。这个算法生成的树图具有良好的纵横比(aspect ratio),生成的矩形接近方形便于识别。有序树图(ordered treemap)使得节点在树图中的布局尽量同数据保持一致,防止局部数据改变时其他节点的位置发生较大变化。这个改进是基于对显示一致性方面的考虑。Voronoi 树对树图在形状上的扩展、内部分割和外部区域可以使用任意多边形而不局限于矩形,增加了树图的灵活性,如图 6.9 所示。

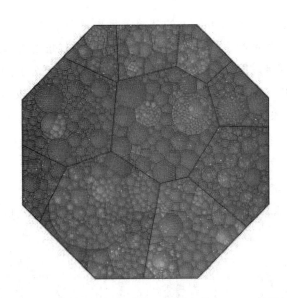

图 6.9　含有 16 288 个节点 7 个层次的 Voronoi 树图

6.1.3　其他方法

从上面的介绍可以看到,节点链接法和空间嵌套填充法各有优缺点:节点链接法能清晰、直观地显示层次结构,而空间填充法能有效地利用空间,从而支持大规模的层次数据。将二者组合,可结合双方的优势。例如,缩进形式和邻接形式,缩进形式使用缩进的多少表示节点所处的层次,邻接形式用邻接关系表示节点父子关系。

在使用缩进形式表示树结构时,如图 6.10 所示,同一级的节点具有相同数量的缩进,子节点比其父节点有多一级的缩进。缩进形式的树可视化方法常应用在文件浏览器中,使用缩进来表现文件的目录结构,用户使用折叠和展开操作可以快速地对文件结构进行浏览并定位文件的位置。其缺点在于可扩展性不高,文件的目录较多时一次只能显示一部分,给文件定位带来困难,所以在实际的应用中一般会提供文件的搜索功能。

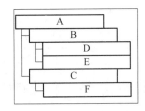

图 6.10　缩进形式图

冰柱图(icicle plot)是使用邻接关系表示节点父子关系的常用方式。

冰柱图(图 6.11)用垂直方向上的邻接关系表示节点的父子关系,任意节点的子节点以某种顺序排布在该节点的正下方(或正上方),所有子节点都与父节点邻接。图 6.12 是冰柱图的径向扩展,它充分利用了径向空间越向外空间越大的特点,将根节点放置在中心,节点数量较多的子节点在径向延伸,增大了有效利用空间的比例。邻接形式牺牲了一定的结构性,但是提高了空间利用率,缺点在于当子树的深度差异比较大的时候,在不同分支下会形成较大的锯齿。冰柱图通常用在层次聚类分析中。

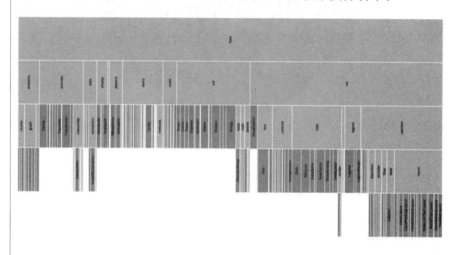

图 6.11　冰柱图

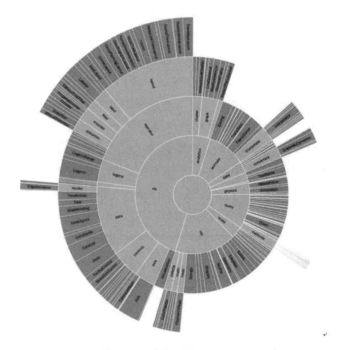

图 6.12　冰柱图的径向扩展

6.2　网络数据可视化

网络是由顶点构成的集合,这些顶点之间的连接称为边。在日常生活中存在很多的网络,如互联网、万维网、社交网络、不同世界组织之间的网络、公司的业务关系网以及人与人之间的关系网等。人类生活在一个充满各种网络结构的世界中,每个人作为单个的实体在网络中扮演不同的角色,发挥类似顶点的作用。大自然中也存在许许多多的网络,如新陈代谢网络、动物界的食物链网、蛋白质网络、神经网络等。以上这些网络由于其具有庞大数量的顶点和错综复杂的关系,研究人员将它们统一称为"复杂网络"。

对于复杂网络,由于其庞大的顶点数目和顶点之间复杂的连接关系,导致网络内部许多有价值的信息不能被研究人员及时发现。网络可视化技术作为信息可视化领域的一个分支,在帮助人们理解网络的过程中发挥着重要的作用,利用可视化技术将网络数据以图形、图像的形式展现出来,能够帮助人们高效方便地浏览网络的内部结构,挖掘网络背后有价值的信息。例如,从一个良好的网络可视化图形展示中,人们可以方便地观察到该网络整体和局部的结构、网络中顶点之间连边的紧密程度以及顶点形成的社团结构等,而上述信息都无法直接从枯燥的数据条目中获得。从 20 世纪 90 年代中期开始,网络可视化技术在 Graph Drawing、InfoVis（IEEE Symposium on Information Visualization）、IV（International Conference on Information Visualization）等重要国际会议以及 *IEEE Transactions on Visualization and Computer Graphics* 等国际期刊中成为一个颇受关注的议题。越来越多的学者投身于网络可视化技术的研究当中,到目前为止取得了一定的进展并已将部分研究成果应用于网络数据分析领域。

随着互联网地迅速发展以及计算机存储能力、计算能力的日益增强,人们需要处理的网络数据信息量呈爆炸式增长。例如,截止到 2016 年第三季度,新浪微博月活跃用户为 2.97 亿,同比增长 34%。但是对于微博这样巨大规模的网络直接进行可视化意义不大,因为很难从可视化效果中获得有价值的信息。因此对网络进行预处理,将网络的规模进行缩减处理然后再可视化是非常有必要的。

然而,当网络规模过于庞大后,使用单机对网络数据进行预处理将变得十分困难,甚至当网络的规模达到一定程度时,传统的单机处理手段将失效。进入大数据时代后,大数据平台的出现使研究人员看到了处理这种大规模数据的希望。将传统的数据处理方法迁移至大数据平台,该过程需要研究人员对相关方法的原理作针对性地改进以适应于分布式环境下的生产工作。因此,将之前单机无法分析处理的网络数据在多机的分布式环境下运行,利用大数据平台的优势提高网络可视化的效率,这是研究人员目前所面临的一个挑战。

图的可视化是一个历史悠久的研究方向,它包括三个方面:网络布局、网络属性可视化和用户交互。其中网络布局确定图的结构关系,是最为核心的要素。本节主要关注网络数据的布局,最常用的布局方法有节点链接法和相邻矩阵布局法。两者之间没有绝对的优劣,在实际应用中针对不同的数据特征以及可视化需求选择不同的可视化表达方式,或采用混合表达方式。

6.2.1 节点链接法

节点链接法

顾名思义,节点链接法是用顶点和它们之间链接的边来表示动态图单独时间布局。如图 6.13 所示,Time Arc Trees 可视化中图的顶点排列在垂直线上,有向边用弧表示,其中每条边的权重决定弧的颜色,有向边顶点的顺序(自上而下或者自下而上)决定弧的位置(垂直轴的左边或者右边)。Time Arc Trees 的优点是:垂直排列顶点获得紧凑性布局;优化顶点在垂直线上的排序降低可视复杂度;垂直轴两侧画出带颜色的弧避免边交叉。Time Radar Trees 和 Time Spider Trees 利用辐射图方法,用分布在圆周上多个小圆环的扇形和中间大圆环的扇形相结合表示动态图中边随时间的变化,如图 6.14 和图 6.15 所示。Burch 等人提出动态网络可视化的平行边 Splatting 算法,该方法从左到右表示随时间变化的动态图序列,每对平行边内部层次化组织的顶点在平行边上垂直排列,有向边从左向右连接平行边上的顶点,如图 6.16 所示。为了解决大规模图的边覆盖问题,该方法利用 Splatting 算法将边转换为基于像素的矢量域;为了支持数据探索,该方法在定义动态图的静态模式和动态模式基础上,提供聚集、过滤、刷新和选择数据缩放等交互操作。

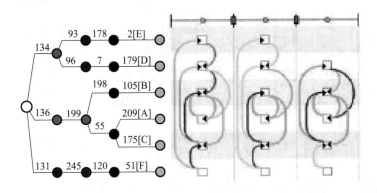

图 6.13　Time Arc Trees

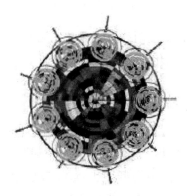

图 6.14　Time Radar Trees

图 6.15　Time Spider Trees

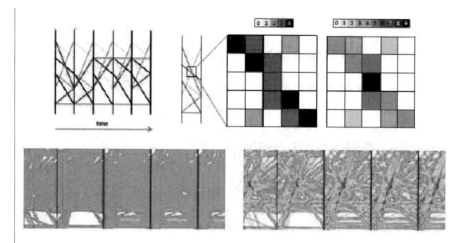

图 6.16　平行边 Splatting

　　如上所述,单图像的时间线可视化技术占据较多的屏幕空间,因此适合较小规模动态图可视化。对于较大规模的动态图,可以采用其他方法关联时间序列的布局。如图 6.17 所示,堆叠顶点链接图是用一个水平层次表示一个时间步布局,而且每层中相同顶点垂直方向上整齐排列。该方法中顶点有相同位置,属于不同时间步层次的边还可以通过颜色和线条来分辨。堆叠节点链接图的最大问题是增加时间方向的 Z 轴使它变成三维图,这明显提高了覆盖引起的可视复杂度。因此该方法只用在层次比较离散的情况,通常使用 2.5 维的技术。Brandes 等人将顶点描述为圆柱,但是增加透明平面帮助分辨堆叠的多层。Erten 等人允许同样顶点在层中有不同位置,但通过调整力引导布局算法将相同顶点移动到多层之间比较相似的位置。

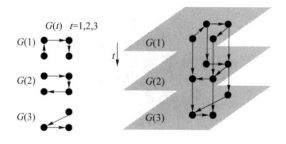

图 6.17　堆叠顶点链接图

　　力引导布局方式是节点链接布局方法中的代表性布局方式。1984年,Eades 首次提出了用弹力模型(spring-embedded model)实现图布局算法。弹力模型即力学中常用的虎克定律(Hook'S law):在弹性限度内,物体的形变跟引起形变的外力成正比。Eades 将图中的边看成力学中的弹簧,利用弹力关系决定图点的布局。

一个弹簧有自然长度 l 和当前长度 d,自然长度 l 是指是没有受外力情况下,弹簧应有的长度,当前长度 d 是指弹簧受到拉伸或压缩产生变形后的长度。

虎克定律规定了弹簧长度与其能量(由弹力产生)的关系:

(1) 如果 $l = d$,弹簧受力为 0;

(2) 如果 $d > l$,弹簧受到拉伸(吸引)力;

(3) 如果 $d < l$,弹簧受到压缩(排斥)力;

(4) 吸引力和排斥力与 $|d-l|$ 成比例;

(5) 能量是由相对于 $|d-l|$ 的力形成的。

Eades 弹力模型的基本思想是将图看成节点为弹簧的端点,连接边为弹簧的物理系统,系统被赋予某个初始状态以后,弹簧弹力的作用会导致图中节点的移动,这种运动直到系统总能量减少到最小值时停止。

原先节点的位置作为图的初始布局,连续使用弹簧力移动节点,到达一个最小能量状态。

调整节点位置的方法有两种。首先,对邻接的节点(钢环)施加弹簧力,力的大小为:

$$C_1 * \lg(d/C_2)$$

其中,d 为弹簧的长度,即两个节点之间的距离;C_1 和 C_2 是常数,控制力的大小。

实验说明,如果使用力学中的虎克定律,当节点分离时,力太强,故使用了对数解决这个问题。当 $d = C_2$ 时,即直接使用了弹簧力。

其次,对不相邻的节点互相使用斥力。力的大小为:

$$C_3/\sqrt{d}$$

其中,d 为两个节点之间的距离;C_3 是常数,控制力的大小。

Eades 弹力模型算法的伪代码为:

```
Algorithm Spring(G:graph)
{
    随机分布 G 的节点;
    重复 m 次
    {
        计算作用在各个节点上的力;
        根据作用节点上的力移动节点的位置;
    }
    根据节点的位置画出图中的节点。
}
```

弹力模型算法易于理解和实现,并且能画出比较优美的图形布局,充分展现出图的整体结构及其自同构特征,成为最著名的一种图布局模型的基础,日后许多图布局模型的建立都是基于 Eades 弹力模型基础之上的。

6.2.2　相邻矩阵布局

邻接矩阵是静态图可视化的常用方法。其中每个矩阵元素表示顶点对之间是否有边相连。动态图可视化同样可以利用邻接矩阵编码单独时间布局。但其最大的挑战是时间线和邻接矩阵的关联问题。根据时间线和邻接矩阵的结合方式,可以分为两种类型:矩阵单元格内部包含时间线和时间线的每个时间步用矩阵表示。对于第一种类型,邻接矩阵的每个单元格表示编码在其中的边随时间的动态变化。Stein 等人提出基于像素的方法把时间线折叠到单元格内部,其中像素的亮度表示某个时间步边的权值。单元格内部时间线的表达还可以有多种不同形式,如从左到右嵌入简单柱状图表示边随时间的变化;Brandes 等人提出格式塔线(gestalt line)作为单元格内部时间线的表达。如图 6.18 所示,格式塔线中堆叠的线段自下而上分别用左半线段长度、右半线段长度和线段倾斜角度编码顶点之间关系随时间的变化。

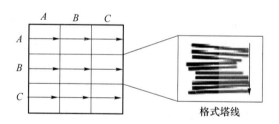

图 6.18　单元格内部用塔线表达

对于第二种可视化类型,可以并列、层次化或者堆叠邻接矩阵表示动态图。Hlawatsch 等人提出并列邻接矩阵表达动态图的方法。如图 6.19 所示,中间垂直轴上的 A、B、C、D 表示图中所有顶点。沿着中间轴两侧的时间方向,左侧分别表示每个时间步动态图中到达 A、B、C、D 的所有顶点,右侧分别表示每个时间步动态图中从 A、B、C、D 出发的所有顶点。与其他技术相比,该方法利用非对称的映射获得整齐而紧凑的可视化结果。Vehlow 等人提出利用新颖辐射状的层次化邻接矩阵表示带权有向动态图的方法。矩阵立体是堆叠邻接矩阵的动态网络可视化和导航模型,其中每个矩阵立方体代表某个时间步的网络拓扑结构。图 6.20 显示了基于矩阵立方体的大脑连接数据的三维可视化方法,它提供可读而有意义的二维视图展示简单操作,从而实现矩阵立方体的旋转、投影、切割和删减。

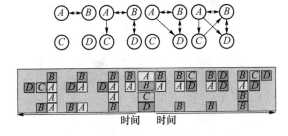

图 6.19　并列的邻接矩阵表示动态图

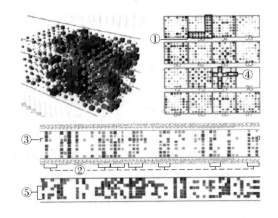

图 6.20　大脑连接数据的矩阵立方体表达

对比顶点链接图,邻接矩阵表达的优势是紧凑的可视化结果对于大规模和稠密的动态图具有良好可读性,缺点是跟踪路径较为困难。

6.2.3　其他方法

鉴于动态网络在空间结构变化的复杂性和时间维度上的可扩展性,一种可视编码很难适应所有的可视化任务,因此需要通过多视图混合多种可视化技术,如顶点链接图、邻接矩阵、小多组图、时间线和动画等。采用多视图的混合方法能够平衡单种可视化技术的优点和缺点,最大化洞察力以及避免误解。如图 6.21 所示,"In Situ"技术允许利用顶点链接图、时间线、1.5 维可视化和邻接矩阵技术的多视图高度集成。Federico 等人指出在多视图之间切换时保留用户思维地图的重要性,他们利用"眩晕变焦"(vertigo zoom)交互技术实现空间关系视图和时间视图之间的光滑过渡。

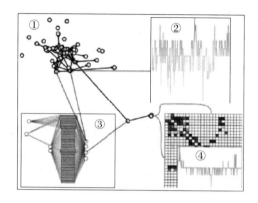

图 6.21　In Situ 的多个视图

目前已有多个根据用户实际任务在若干可视化表达技术中选择和切换的系统。DiffAni 混合差分图和动画技术,主要利用覆盖所有时间步并且按时间排序的连续块可视化动态图,其中每个块包含一个或者多个时间步布局。DiffAni 支持 3 种类型块:差分块显示某时间段内各时间步布局之间的差异;动画块显示某时间段内布局的变化过程;小组图块显示某时间步的动态图状态。因而差分块可以快速识别网络拓扑改变,动画块能够帮助跟踪顶点。Ani Matrix 结合动画和基于矩阵的可视化技术描述软件设计中源代码的演变过程。Small Multipiles 提出通过多个堆(pile)探索动态图的时间模式,每个堆基于邻接矩阵表示单独时间步布局的缩略图;该方法混合动画、小多组图和概要视图,支持数百个时间步的动态网络可视化。Graph Diaries 基于顶点链接图将动画技术和时间线控制相结合,它通过过渡技术高亮时间步之间的改变,帮助用户识别、跟踪和理解动态网络的变化。

6.3　图的交互与简化

6.3.1　动态网络数据的可视化

针对动态网络中广泛存在的特征,近年来学术界在动态网络类型、动态拓扑结构测度、动态数据描述、动态网络的建模、动态网络传播模型以及动态网络可视化等方面开展了研究。如今,虽然针对复杂网络的可视化技术已经非常全面、成熟,但针对动态网络的可视化技术依然是一个开放的问题,对于一个好的动态网络可视化布局来说,应该基于复杂网络的动态特性,满足实际应用的需求,继而通过最大化传递信息来提高用户对网络的认知。根据网络数据可视化不同的需求任务,现有的动态网络可视化技术研究工作可以分为基本动态网络可视化、多属性和大规模动态网络可视化、多任务的动态网络可视化。

1. 基本动态网络可视化

在以往的研究中,动态网络可视化方法可根据其对时间的映射方式进行分类,分别为:时间-时间映射的动画(animation)、时间-空间映射的小视图(small-multiples)和两者混合的方法。动画方法是让时间维度与可视化中的时间轴形成相互映射,其中主要采用顶点链接图来对每个时间步进行布局。意向图(mental map)是一种当用户观察动态图时产生在大脑中的抽象结构信息。在针对时间-时间映射的动画中,一旦动态图发生一些突然的改变,用户大脑中的意向图就可能被破坏,继而破坏布局的稳定性。因此,针对动画方法的动态网络可视化研究,如何保存各时间步布局中意向图是研究的关键。在现有的动画方法研究中,根据对时间序列可考量范围,将动画方法又分为只考量过去时间序列的全部图序列都提前已知的离线布局方法(offline)和同时考量过去和将来时间序列的全部图序列提前未知的在线布局方法(online)两种。但现有的动画方法依然存在明显的不足,尤其在数据中的点边关系变化频繁时,用户记忆和追踪网络随时间的变化会产生一定的认知负担。在有限的记忆里不容易对网络整体变化留下印象,更不容易比较两个非相邻时间步之间的网络结构。

小视图方法是让时间序列与空间形成映射,即由单幅包含时间线的视图来显示全部时间序列的布局。小视图的方法不需要用户记忆演化过程,降低认知负担,可以更好地分析动态图的细节变化,但是它依然存在明显的不足:①小视图之间时间间隔可能过长,容易造成相邻时间步间关联的不明显;②随着平铺的小视图数量增加,在有限屏幕空间内每个小视图的可视大小会受到严重的压缩。

在避免动画和小视图两种方法弊端的同时,发挥各自的优点,现有的研究中产生了许多将这两种方法结合互补的方法。

2. 多属性和大规模动态网络可视化

真实世界中动态网络数据往往是多属性、大规模的。针对多属性的动态网络,Ko 等人提出结合网络数据概览图和编码节点多属性关联细节的可视化方法来探索高维多变量的动态网络数据,实现跨维度的异常检测管理。而另一方面,数据规模的不断增大,可视化结果容易忽视动态网络中细小的改变,使得跟踪时间演化变得困难。James 等人提出了"兴趣度"(degree of interest)的概念,用来量化每个时间步上图形元素的兴趣程度来考量网络中相邻结构信息、点边属性以及它们随时间的变化,由此解决数据规模庞大的可视化问题。

3. 多任务的动态网络可视化

动态网络可视化的目的是更好地帮助用户理解和分析网络数据中丰富的信息资源,那么就需要从实际任务出发,最大化地将网络中的信息全面、直观地传递给用户。为此,动态网络的可视化需要分析动态网络的多样性和复杂性,根据不同类型的动态网络的需求类型匹配合适的可视化技术才能帮助用户探索网络随时间变化的特征和规律。

现有的研究中出现了很多对于动态网络具体应用需求和特性的探索。例如,在面对金融网络、病毒传播网络时,Landesberger 等人提出的工具研究比较不同网络蔓延模型来研究网络中某个节点的崩溃会导致相邻节点的崩溃和网络连锁反应。Steiger 等人通过分析传感器网络时间序列数据,挖掘各种不同的时间模式,包括季节影响、网络异常和周期性变化。这两种方法都没有考虑到节点和边之间的结构关联。为了研究病毒传播的规律,Elzen 等人把动态网络的时间步看作为高维空间的点,然后运用降维方法将其投影到二维空间中,建立网络演变的规律与空间中节点的位置布局的关联,使得相似的时间步离得比较近而形成一个聚类。通过这种方式,继而实现网络稳定、重复和异常等状态的可视化,由此来分析社交网络的状态和规律。这种方法将大维度节点投影直接投影到二维空间会造成数据损失,从而影响投影结果。在面对真实动态网络数据,面向实际可视化任务时,如何选择合适的可视化技术应用到对应的数据和任务是研究的关键问题之一,只有合适的可视化方法才能针对具体的需求帮助用户更好地探索动态网络的规律和特征。

6.3.2 图可视化的视觉效果

随着网络数据规模的不断扩大,人们逐渐发现,在使用传统方法绘制的结果中,节点和边经常出现互相遮挡,形成极高的视觉混杂(visual clutter),甚至会阻碍我们对真实数据的认知。因此,从 21 世纪初起,在信息可视化和图绘制两个科学研究领域,分别涌现出大量的成果来解决这些问题。这些研究工作大致可以分为两种基本思路:一种思路是根据信息可视化的信息分级(level of detail)原则,对大规模图进行层次化简化;另一种思路是在尽量不减少原图信息量(包括边和节点的数目)的前提下,对图进行基于骨架的聚类。无论采取哪种思路,其目的都是应对大规模图对有限可视化空间的挑战,降低网络数据可视化的视觉混杂度,挖掘和展示数据背后隐藏的信息。

本节将从这两种思路入手,分别介绍图可视化领域的最新技术。

1. 图的拓扑简化

图的拓扑结构由节点和边两个部分构成。与此对应,有两种方法对图的拓扑进行简化,即分别对节点和边进行层次化简化。具体介绍如下:

对于一个节点数为 N 的无向图,在不存在重复边的情况下,最多存在 $N(N-1)/2$ 条边。对于某些 N 相对较小而边数较多的图,可以绘制其最小生成树从而对边进行简化。最小生成树的定义是:在一给定的无向图 $G=(V,E)$ 中,(u,v) 代表连接顶点 u 与顶点 v 的边,而 $w(u,v)$ 代表此边的权重,若存在 T 为 E 的子集且为无循环图,使得 $w(T)$ 最小,则此 T 为 G 的最小生成树。

图 6.22 展示了一个节点数为 10、边数为 21 的无向图和它的一颗最小生成树(加粗表示)。在这个结果里,使用最小生成树展现了图的骨架特征,大大减少了绘制边的强度,这一优势在图的规模较大时更加明显,产生最小生成树的算法有很多,比较著名的有 Kruskal 算法和 Prim 算法等。

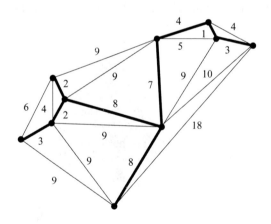

图 6.22　利用最小生成树表达图的骨架结构

(1) Prim 算法简述

① 输入:一个加权连通图,其中顶点集合为 V,边集合为 E。

② 初始化:$V_{new}=\{x\}$,其中 x 为集合 V 中的任一节点(起始点),$E_{new}=\{\}$,为空。

③ 重复下列操作,直到 $V_{new}=V$。

a. 在集合 E 中选取权值最小的边 $<u,v>$,其中 u 为集合 V_{new} 中的元素,而 v 不在 V_{new} 集合当中,并且 $v∈V$(如果存在有多条满足前述条件即具有相同权值的边,则可任意选取其中之一)。

b. 将 v 加入集合 V_{new} 中,将 $<u, v>$ 边加入集合 E_{new} 中。

④ 输出:使用集合 V_{new} 和 E_{new} 来描述所得到的最小生成树。

(2) Kruskal 算法简述

假设 $W_N = (V, \{E\})$ 是一个含有 n 个顶点的连通网,则按照克鲁斯卡尔算法构造最小生成树的过程为:先构造一个只含 n 个顶点,而边集为空的子图,若将该子图中各个顶点看成是各棵树上的根节点,则它是一个含有 n 棵树的一个森林。之后,从网的边集 E 中选取一条权值最小的边,若该条边的两个顶点分属不同的树,则将其加入子图,也就是说,将这两个顶点分别所在的两棵树合成一棵树;反之,若该条边的两个顶点已落在同一棵树上,则不可取,而应该取下一条权值最小的边再试之。依此类推,直至森林中只有一棵树,也即子图中含有 $n-1$ 条边为止。

前面我们提到,除对边的提取外,还有一种图的简化算法:将强连通的节点进行聚类,并把聚类后的节点集作为一个新的超级节点绘制到可视化结果中,这里一个关键的问题是,如何对节点进行合理的聚类,使得每个聚合成的类内部具有强连通特性,而类与类之间的连接则相对稀松。这一问题在复杂网络的数据挖掘领域被称作社区发现(community detection)。如图 6.23 所示,社区发现算法将已有的网络数据划分为多个不同的社区。

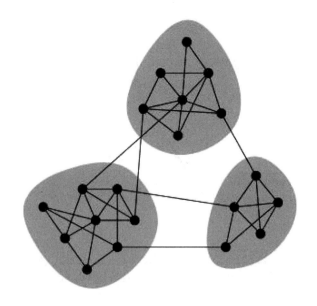

图 6.23　经典社区发现算法图例

2. 图的边绑定

边绑定技术也被称为边聚集、边聚类,近年来,得到了来自国内外研究人员越来越多的重视。它不仅被用于图可视化,也被用于流图可视化与平行轴可视化等其他可视化领域。尽管依据不同的数据类型,边绑定都旨在聚集相似的边(或线段)形成边束,以显示数据潜在的整体模式。若干相关研究已经在国内外发表,为了方便和深入地讨论,我们依据算法使用的范式和思想,将这些成果大致分为三类。

第一类是所谓的基于几何的技术,包括层级绑定算法、几何结构绑定算法和歧义避免绑定算法等。基于几何结构的边绑定技术主要思路是依据边表现出来的几何结构,设置合适的控制点,并根据这些控制点来弯曲相关的边。每个控制点吸引一些边向其靠近,并使得这些相互靠近的边形成想要的边束。对于基于几何的技术,选择合适的算法和数据结构是十分重要的。

层级绑定算法使用额外的层级结构来进行控制点的定位,因此它要求处理的图数据集必须是复合图,即图中不仅包含一般的关系结构,还包含一个显性或者隐形的层级结构。具体地,层级绑定算法在层级结构形成的最小公共祖先路径上选取合适的位置摆放控制点,并使用 B 样条曲线绘制最终的绑定结果。由于层级结构优秀的稳定性和良好的组织性,层级绑定算法的可视结果也同样容易被识别和认知。然而大多数图数据并不天生包含这样一个额外的层级结构,或者并不容易从原始数据中形成这样的层级结构,这大大限制了层级绑定算法的应用范围。

几何结构绑定算法克服了 HEB 依赖特殊数据结构的弱点,提出了一种通用的计算流水线,可以应用于任意一般的数据集。几何结构绑定算法将展现空间均匀分割为相同尺寸的网格,通过计算格点的相似性将相似的格点聚类,形成更为大的区块,并使用 Delaunay 三角化技术将区块组织成一个控制网格,最终的控制点就位于 mesh 和边的交点上。

总体而言,基于几何结构的技术是直观的、有效果的,但是却依赖于特殊的应用场景。层次绑定算法需要额外的层次结构;歧义避免绑定算法要求足够的避让空间;几何结构绑定算法由于缺乏全局的统筹,往往形成十分强烈和频繁的弯曲边。

第二类是所谓的基于优化的技术,具体包括力导向算法、双向分离算法和多级凝聚算法等。

力导向算法中,边被模型化为带有弹性的弦,并且弦上"串"着带电荷的粒子,粒子之间存在相互吸引的引力和相互排斥的斥力,最后通过构建一个自组织的物理模型来模拟上述模型,使得系统演化并最终进入一个优化状态。需要指出的是由于初始状态是固定的,上述模拟过程是稳定的,即多次模拟结果是相同的。另外,其他相容性度量也被容纳到上述模型中,如角度相容性、位置相容性和可见相容性,以避免过度的绑定。

双向分离算法是力导向算法的延伸,它将力导向算法扩展到有向图中。它追加了一种新的相容性度量,称为连通相容性,并将边整合到模型中。通过这些努力,双向分离算法能够很好地帮助用户感知非对称的结构。

多级凝聚算法,相对而言,则更为直接地定义并使用优化模型来进行边绑定。它设定最小化"墨水"(和边在渲染后的长度相关)的使用量为优化目标,通过在不同级别上检验是否存在,通过共享路径可达到减少"墨水"的条件,从而迭代优化"墨水"的使用量。最终,模型在无法继续找到共享路径的"最优"条件下停止。

总体而言,基于优化的技术类型能够减少不必要的弯曲,并且能够揭露出数据背后潜在的模式,但由于所用模型的限制,该类技术往往具有非常高的计算复杂度,通常至少为平方阶或更高阶,这在一定程度上限制了该类算法适用的数据规模。

第三类方法将传统点线图渲染后的结果图片作为输入,并借用图像处理领域的成熟技术,引导边向某个合适的方向或位置移动,以达到聚集相似边的效果。这类方法被称为基于图像的方法。这类技术的典型代表有核密度估计算法与骨架提取算法。

核密度估计算法通过成熟的核密度估计方法获得像素位置的边密度,形成密度地图,之后让边向着密度地图上密度梯度增加最快的方向移动,即向偏导数向量的方向移动。基于骨架提取的算法则直接使用成熟的骨架提取算法,而不是间接地计算核密度。基于图像的方法可以较为容易地融合加速技术,如 GPU 硬件加速。另外,各种图像增强工具,如密度饱和、阴影、光晕效应等,被用来帮助用户区分交叠的边束。然而,该类方法生成的结果往往带有强烈的"主干-分支"形的特征,而这并不是数据本身所具有的特征,并且其结果往往存在过强的绑定,使得结果难以被识别和使用。

最后,值得独立讨论的边绑定方法还有被称为基于网格的边绑定技术,其中最具代表的是崎岖路径技术。虽然崎岖路径技术也使用到了前几类方法所用到的技术,但其最引人注意之处是它使用了在格点上求取最短路径作为曲线路径的范式。崎岖路径技术先通过四分树将展现空间分割成细粒度的规则格点,再通过 Voronoi 技术归并一些冗余的格点,这样做的目的是减小后续求取最短路径时的计算代价。之后该技术求取每个格点的权重,权重主要和穿过该格点的边的数量成负相关比例,由此形成了一个带权地图。通过求取任意两点在该带权地图上的最短路径,对每条边进行二次路径规划,确定最终的曲线绘制路径。需要指出的是,崎岖路径技术还使用了一系列平滑算法,如高斯滤波算法,来减少最终结果中普遍存在的细微抖动。

本 章 小 结

　　本章通过介绍层次数据可视化、网络数据可视化、图的交互与简化等内容,为读者阐述了层次与网络数据的可视化方法。通过本章学习,读者可了解网络数据可视化的一般思路和方法。

习　　题

　　(1) 如何进行层次数据的可视化?

　　(2) 如何进行网络数据的可视化?

　　(3) 图如何进行简化?

第7章

跨媒体数据可视化

跨媒体数据包括了文本、文档、社交网络、日志等。文本、文档作为承载网络信息交换的重要媒介,它们的可视化可为读者提供直观、高效的内涵呈现。社交网络是 Web 2.0 的重要特征,网络文本的交换离不开社交网络。日志数据则是所有信息系统均具备的数据类型,对其的可视化可为大家揭开系统运行的秘密。本章介绍上述四种跨媒体数据可视化的方法。

7.1　文本与文档可视化

7.1.1　文本可视化释义

随着信息技术的快速发展,海量信息不断涌现,使得人们对其处理和理解的难度日益增大。传统的文本分析技术虽已在一定程度上实现了从大数据中挖掘出重要信息,但是这些挖掘出的信息通常仍然无法满足人们利用浏览及筛选等方式对其进行合理的分析、理解和应用。面对这种挑战,文本可视化技术应运而生,它将文本中复杂的或者难以通过文字表达的内容和规律以视觉符号的形式表达出来,同时向人们提供与视觉信息进行快速交互的功能,使人们能够利用与生俱来的视觉感知的并行化处理能力快速获取大数据中所蕴含的关键信息。文本可视化综合了文本分析、数据挖掘、数据可视化、计算机图形学、人机交互、认知科学等学科的理论和方法,为人们提供了一种理解海量复杂文本的内容、结构和内在规律等信息的有效手段。

7.1.2　文本可视化工作流程

文本可视化涵盖了信息收集、数据预处理、知识表示、视觉呈现和交互等过程。其中,数据挖掘和自然语言处理等技术充分发挥计算机的自动处理能力,将无结构的文本信息自动转换为可视的有结构信息;而可视化呈现使人类视觉认知、关联、推理能力得到充分发挥。因此,文本可视化有效地综合了机器智能和人类智能,为人们更好地理解文本和发现知识提供了新的有效途径。图 7.1 展示了人们利用文本可视化系统对文本进行分析和理解的基本过程。总的来说,文本可视化系统主要包括 3 个部分:①产生可视化所需数据的文本分析过程;②可视化呈现,即包含文档、事件、关系、时间等文本信息的低维信息图(通常是 2D 或 3D 图);③用户与信息图的交互。

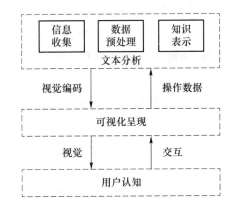

图 7.1　文本可视化基本框架

(1) 文本分析

文本可视化依赖于自然语言处理,因此词袋模型、命名实体识别、关键词抽取、主题分析、情感分析等是较常用的文本分析技术。文本分析的过程主要包括特征提取,通过分词、抽取、归一化等操作提取出文本词汇级的内容;利用特征构建向量空间模型(vector space mode,VSM)并进行降维,以便将其呈现在低维空间,或者利用主题模型处理特征;最终以灵活有效的形式表示这些处理过的数据,以便进行可视化呈现和交互。

(2) 可视化呈现

信息图中,文本内容的视觉编码主要涉及尺寸、颜色、形状、方位、纹理等,文本间关系的视觉编码主要涉及网络图、维恩图、树状图、坐标轴等。文本可视化的一个重要任务是选择合适的视觉编码呈现文本信息的各种特征。例如,词语的频度通常由字体的大小表示,不同的命名实体类别用颜色加以区分。如何快速创建符合人们先验认知的视觉呈现一直是可视化研究者关心的问题,对于视觉编码有效性的研究与认知科学息息相关。

（3）交互

为了使用户能够通过可视化有效地发现文本信息的特征和规律,通常会根据使用场景为系统设置一定程度的交互功能。文本可视化中,主要应用到的交互方式有高亮、缩放、动态转换、关联更新、焦点加上下文等。

7.1.3 文本内容的可视化

文本内容的可视化主要关注的是如何快速获取文本内容的重点,主要可以分为基于词频的可视化和基于词汇分布的可视化。基于文本内容的可视化可以应用于单个文本,也适用于较大的文本集。通过这些基本统计结果的可视化呈现,能使用户快速地了解文本的大体内容,这对于进一步的分析具有重要的向导意义。

当面对海量文本时,人们需要对每个文本或者整个文本集合的主要内容进行快速浏览,因此需要基于词频的文本可视化。最常用的文本可视化的思路是将文本看作一个词汇的集合(词袋模型),利用词频信息来呈现文本特征。其中,经常被采用的词频计算方法是 TF-IDF,最典型的可视化形式是"标签云"。标签云将关键词按照一定顺序和规律排列,如频度递减、字母顺序等,并以文字的大小代表词语的重要性。最初的标签云大多都采用将文字一行一行地水平排列的方式,后来渐渐遵循更加美观复杂的布局规则,图 7.2 所示的 Wordle 便是其中被广泛采用的代表之一。在 Wordle 中,词语的布局遵循了严格的条件,使得文字间的空隙得以充分地利用,可视化结果更加美观。Wordle 自出现就被广泛应用于报纸、杂志等传统媒体,以及互联网,甚至 T 恤等实物中。

在 Wordle 的基础上,图 7.3 所示的可视化图遵循了更为美观和复杂的布局,允许用户选择不同的文字轮廓甚至自定义轮廓,用于表示某个具体领域。例如,图 7.3 展示的是航空领域,因此布局上以飞机轮廓为主,而将相应的文字可视化到其中。

然而,由于标签云只是对文本中高频词汇的简单罗列,无法提供连贯的上下文信息。为此,相关研究人员还设计了 Document Card 用于克服这一问题。它通过自动提取重要文字和图片,将文本信息综合到一系列信息连续的卡片上,使用户能够快速地了解文本的关键信息。另外,标签云也经常作为辅助的呈现方式出现在一些可视化方案中。

图 7.2　Wordle

图 7.3　带形状含义的 Wordle 可视化

7.1.4　文本关系的可视化

基于文本关系的可视化研究文本内外关系,帮助人们理解文本内容和发现规律;常用的可视化形式有树状图和节点连接的网络图。

（1）基于文本内在关系的可视化

基于文本内在关系的可视化主要关注文本的内部结构和语义关系等。Contexter 利用网络图呈现了新闻中的命名实体在同一文本中的同

文本字图、标签云的可视化

现关系；Word Tree 结合后缀树的思想，以图 7.4 所示树状结构呈现了查询词的上下文关系。Netspeak 以类似的形式展现了文本集中常见的上下文结构，帮助用户在写作时选择合适的词语。

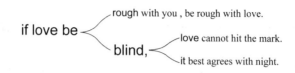

图 7.4　Word Tree

如图 7.5 所示，短语网络（Phrase Net）从语义层面分析并呈现命名实体在文本内的多种关系，如从属关系、并列关系等。图 7.6 所示文件散（DocuBurst）以类似的形式让词语通过 Wordnet 中的上下位关系以放射状径向排列，其中字体大小表示词语在文档中的频度。

图 7.5　Phrase Net

（2）基于文本外在关系的可视化

外在关系可视化的内容包括文本间的引用关系、网页的超链接关系等直接关系，以及主题相似性等潜在关系。许多对于文本间直接关系的可视化研究都以网络图作为呈现形式。例如，在对文本集的引用关系的可视化中，利用网络节点代表文本，用有向的线段表示引用关系。

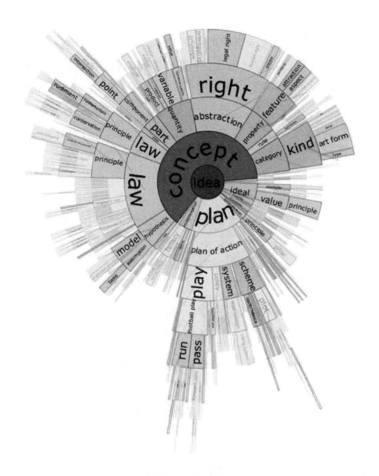

图 7.6　DocuBurst

大规模文本集合的主题关系是外在关系更为常见的可视化场景,一般主要基于聚类算法呈现主题分布,并展示与特定主题相关的关键词,多应用于信息检索、主题检测、话题演变等方面。在前面提到的标签云的生成过程中,文字几乎都是随机排列的,不能保证语义或上下文相关的文字能够按照某种规律排列。Hassan-Montero 在最传统的按行排列的标签云的基础上,以 Jaccard 系数衡量标签的同现关系来作为聚类依据,同一行文字表示同一类别,相邻行的类别表示意义相近。文本主题关系分析除以上基于统计的方法外,更为常见的是特征降维技术。该技术首先用高维的 VSM 表示复杂的文本,然后通过投影的方式对文本特征向量进行降维处理,使信息能够在 2D 或 3D 的空间里进行可视化呈现。常用降维方法包括基于奇异值分解的潜在语义索引、主成分分析、对应分析、多维尺度分析以及基于人工神经网络的自组织映射图网络。

在基于特征降维技术的可视化中,图 7.7 所示文本地图是广泛应用的形式。ProjCloud 进行特征降维时,利用 K-Means 算法对文本进行聚类,并结合标签云呈现了文本集合的相似关系和相似文本集合的关键词。然而,由于降维过程存在信息丢失,导致基于特征降维的可视化也存在一些问题,例如缺乏可扩展性、图形通常过于复杂、文字标签缺乏可读性等。

因此,研究者进而考虑分层次进行文本信息可视化的方案。TreeMap 巧妙地使用嵌套的长方形来表示不同层次,以长方形的方向表示不同层次的变换,并以长方形的大小来表示节点的重要性。

图 7.7　Galaxy 形式的聚类(模拟星系的位置布局)

7.1.5　多层面信息的可视化

多层面信息的文本可视化主要研究如何结合信息的多个方面帮助用户从更深层次理解文本数据,发现其内在规律。包含时间信息的文本可视化近年来受到越来越多的关注。

(1) 基于时间与其他信息结合的可视化

在新闻、博客、邮件、论文等几乎所有文本中,时间都是其重要的属性。时间信息提供了关于文本内容变化、数据规律等方面的重要信息,因此一直以来是信息可视化中的重要元素。包含时间信息的可视化中,最直接和主要的方式是引入时间轴,并将信息按照时间顺序线性排列。TimeMines、LifeLines 和 LifeFlow 等均通过将事件从左到右显示在时间轴上,为人们进行基于时间的事件序列分析提供了便捷的途径。有很多研究试图将标签云与时间相结合,图 7.8 所示 SparkClouds 在标签云的每个词语下方引入折线图,以表示每个词语随着时间的使用频度变化。通过对标签云上的词语标记不同的颜色和图形也是常用的方式,如图 7.9 所示。

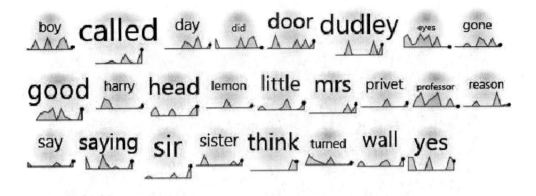

图 7.8　SparkClouds

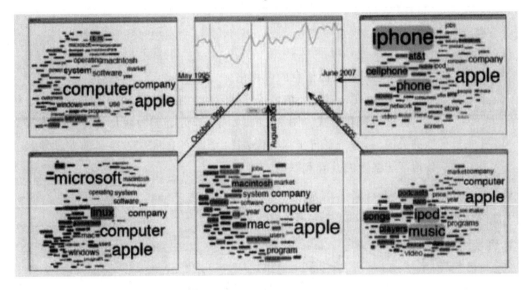

图 7.9　标签云和折线图的结合

　　叠式图是非常常用的可视化形式。在叠式图中,每层代表一个事物,以不同颜色加以区分,从左到右呈现事物在时间上的变化,ThemeRiver利用河流这一隐喻,将时间看作从左到右延续的河流,将文本数据按主题进行分割,堆叠成一张美观的叠式图。每一条彩色线条代表不同主题,每个主题用一个主题词标注,线条的粗细代表主题的频度。然而,如图 7.10所示,ThemeRiver 由于做了平滑和堆叠处理,较为细节的信息(如属性的绝对数值)难以识别,因此如何使 ThemeRiver 更加美观和可靠一直是可视化研究的热点。例如,TIARA 结合了标签云的可视化形式,通过主题分析技术抽取文本主题将其展现在 ThemeRiver 中,并将每个主题下的关键词显示在每条线条中,用于展现该主题的详细信息。此外,TagRiver 也利用了河流这一隐喻与标签云结合的方案。

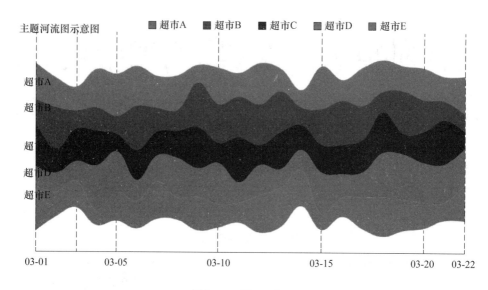

图 7.10　ThemeRiver

（2）基于多层面信息的可视化

Parallel Tag Cloud 结合了标签云和常用于多维数据展示的平行坐标轴这两种可视化形式。图 7.11 展示了 60 万个美国联邦上诉法院决策文档的关键词，每条平行坐标轴代表 13 个巡回上诉法院之一，直观地展示了各地区法案上的差异和联系。

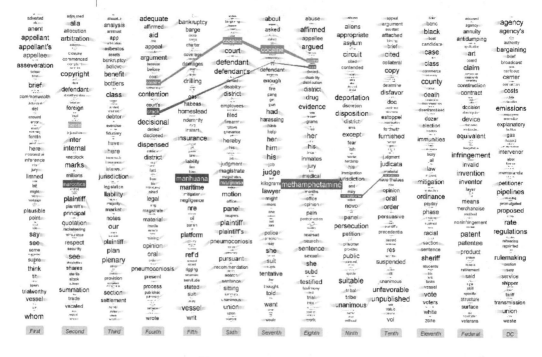

图 7.11　Parallel Tag Cloud

FacetAtlas 同样用于呈现大量文本在多层面上的复杂关系,图 7.12 展示了对于 Google Health 文档中"糖尿病"的可视化,两个大的聚类分别对应Ⅰ型糖尿病和Ⅱ型糖尿病,两个类别间的连线代表相似的并发症,类别内的连线代表相似的症状。

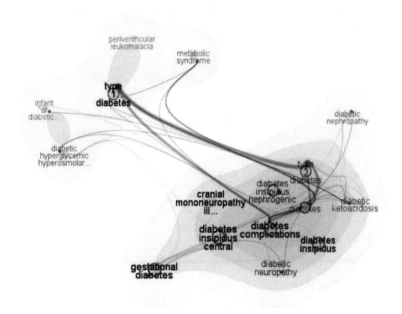

图 7.12 FacetAtlas

在需要通过视觉对比对文本信息进行分析和理解的情况下,与使用缩放等交互手段相比,能够同时提供多种呈现形式的可视化方案可以获得更好的认知效果。

7.2 社交网络可视化

7.2.1 相关概念与原理

社交网络(SNS)作为一种新兴媒体,早已从一个概念模糊的词语发展成为当下人们生活、学习甚至工作中不可或缺的内容,其具有小世界、无标度等特性。从最早的简单 SMTP 到如今的 Micro-Blog,社交网络服务一直在不断丰富自身的功能来更大程度地迎合人们的日常需求。社交网络可以打破人与人在交流时存在的时间、地理限制,从而建立起一个虚拟的网络社会。社交网络的各种功能都是对现实社会的模拟,网络社会和现实社会的边界也因此变得更加模糊。社交网络可视化是信息可视化的一个重要领域,其流程如图 7.13 所示。社交网络可视化的核心是节点布局问题,节点布局既要求符合社交网络的自身结构,也要求清晰美观的效果。因社交网络具有小世界和无尺度的特点,为使社交网络的节点在有限空间内合理分布,布局算法的选择至关重要。

社交网络
的可视化

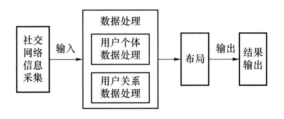

图 7.13　可视化流程

7.2.2　基本可视化方法

1. 社团发现算法

社交网络的数据量大和小世界模型的特性,使得普通布局算法在布局的时候无法展示出每个节点的位置,即使展示出来也是线条交织无法有效观察其中的规律。最好的方法就是对网络进行社团发现从而从整体上理解网络的结构。社团发现算法有启发式的 GN(girvan-newman)算法、CPM(clique-percolation-method)算法以及基于优化的 FN(fast-newman)算法。FN 算法由于执行效率高、布局效果好而逐渐被广泛应用。

FN 算法工作流程如下。

(1) 把所有节点看成社团。根据网络中的边建立矩阵 $E(e_{ij})$:

$$e_{ij} = \begin{cases} 1/2m & (\text{如果 } i,j \text{ 之间有边}) \\ 0, & \text{其他} \end{cases}$$

$$a_i = k_i / 2m$$

其中,元素 e_{ij} 表示连接两个社区边的比例;a_{ij} 表示与社区相连的边的比例。

(2) 对模块化函数进行优化,沿着 Q 函数该变量最多的方向合并网络中两个相邻的社团在这个过程中得到一个模块度增量 ΔQ:

$$\Delta Q = e_{ij} + e_{ji} - 2a_i a_j$$

(3) 重复执行上一步直到最后只剩一个社团。算法的流程如图 7.14

所示。

聚类结束后开始记录社团信息。社团数每减少至上次的一半的时候就记录为一个层级,这样就得到层级 $L_1,\cdots,L_2$,每层的节点数大致为 M,$M/2,\cdots,1$,生成一棵网络社团的层次关系树如图 7.15 所示。

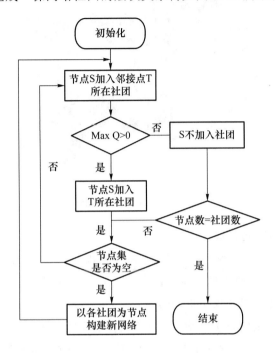

图 7.14　FN 算法流程图

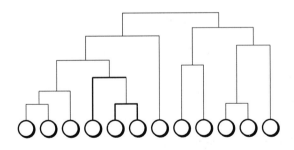

图 7.15　层次树生成图(加深的颜色代表了层次树生成的顺序示意)

分层完成后对每一层节点进行展开布局,展开过程中新加入点的坐标根据质心算法确定,公式如下:

$$\begin{bmatrix} X_N \\ Y_N \end{bmatrix} = \begin{bmatrix} 2(X_1-X_3) & 2(Y_1-Y_3) \\ 2(X_2-X_3) & 2(Y_2-Y_3) \end{bmatrix}^{-1} \begin{bmatrix} X_1^2-X_3^2+Y_1^2-Y_3^2+R_1^2+R_3^2 \\ X_2^2-X_3^2+Y_2^2-Y_3^2+R_2^2+R_3^2 \end{bmatrix}$$

图 7.16 给出的是用 FN 算法进行社区发现得出的结果。

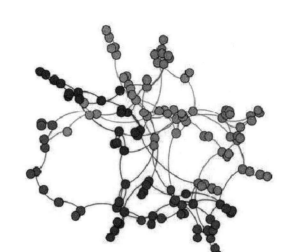

图 7.16　FN 算法布局图

2. 力导向布局算法

力导向布局算法始于弹簧算法,在其发展过程中出现过众多的改进算法。但 FR 的出现才真正地使得力导向布局算法的运算符复杂度有了明显改观,图形布局效果也更加明显。

FR 算法实现的基本假设是:任意两个有联系的点对之间应该靠近,同时点和点之间不能过分靠近。给出 FR 的数学模型如图 7.17 所示。

定义一个 $H*W$ 的矩形,给定节点对 U、V 及其坐标 P_u 和 P_v,

$$平均系数:k=\sqrt{\frac{W*H}{V}}$$

$$欧氏距离:d(u,v)=\|p_U-p_V\|$$

计算步骤如下:

(1) 计算相连节点之间的引力

$$f_r(u,v)=d^2/k$$

(2) 计算所有节点之间的斥力

$$f_r(u,v)=k^2/d$$

(3) 在引力和斥力的共同作用下移动节点

虽然 FR 算法相比之前的算法已有一定的改观,但经过分析可知其算法复杂度仍为 $O(|V|^2+E)$,所以在对大规模节点进行布局的时候仍然效率比较低。

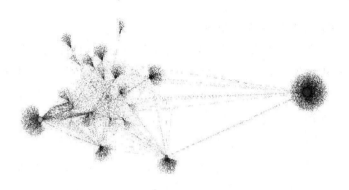

图 7.17　FR 算法布局图

Hu-Yifan 算法在 FR 基础上对图形布局质量和数据的计算量进行了优化。首先 Hu-Yifan 算法在斥力的计算中引入超级节点,使得时间复杂度降低,如从 $O(|V|^2+E)$ 降到 $O(|V|\log|V|+E)$,同时在节点之间的力的计算中引入调节系数让图形布局得更加均匀。

超级节点的设计思想是:如果一个节点 i 和它相邻的一簇节点 S 之间满足足够远的条件,那么在计算它们之间的斥力的时候节点簇将被视为超级节点。两点间的斥力为:

$$f_r(i,S)=\frac{-|S|CK^2}{\|x_i-x_S\|}$$

节点 i 和超级节点 S 之间的距离判定公式为:

$$\frac{d_s}{\|x_i-x_S\|}\leqslant\theta$$

其中,d_s 表示超级节点所占区域的边长,θ 是临界值,值越小计算代价越大。Hu-Yifan 算法在计算斥力的时候引入参数 P 进行调整:

$$f_r(i,S)=\frac{-|S|CK^{1+P}}{\|x_i-x_S\|^P}\quad(P>0)$$

算法结束之时,计算本次和上次系统的能量值之比决定节点的位移量;Hu-Yifan 算法的布局结果如图 7.18 所示。

图 7.18　Hu-Yifan 算法布局图

3. 用户影响力及意见领袖

用户发布信息来表达自己对各种事情的看法,与此同时他们也能从网页浏览中了解到其他人对事情的态度和看法。这样,个人或者群体之间就以各种方式影响着对方并形成一张"发布→浏览→转发"的传播扩散网。假设在用户 X 周围围绕着一大批粉丝。在某个社会热点事件发生的情况下,X 发布了一条微博,那么 X 的粉丝之间形成的虚拟群体将有可能进行更深层次、更高频率的沟通。在传播过程中,信息可能传到六层以外,这样就给用户带来更多的关注。因此,我们可以定义用户影响力如下:用户通过发布信息促使他人评论或者转发的潜力。就微博而言,用户之间的关系可以是双向的也可以是单向的,众多的用户由此就形成一个错综复杂的虚拟网络。在这个网络中,每个用户既是信息源又是信息的转发者。因此从传播和交互的角度看,微博的功能主要有:发布、关注、转发和评论。经过上述对微博传播特性和交互模式的简要分析可知,节点在网络中的影响力主要取决于如图 7.19 所示指标。

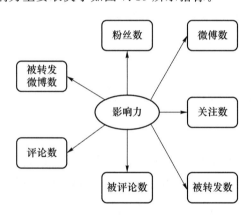

图 7.19　评价指标体系图

在求出各个微博用户的综合影响力的基础上,绘制用户影响力和时间片的二维平面图可以帮助发现意见领袖类型。在现实生活中,很多拥有高人气的名人在社交网络上吸引了大量粉丝,如姚晨、赵薇、谢娜等在新浪微博上圈粉七千多万人。他们在微博上积极发博或转发博文,这使得他们在微博中的影响力长期处于较高地位,我们把这种用户称作强势型意见领袖。但是,微博网络中大部分用户都属于草根用户,他们只在自己关注的小范围内进行互动。这些用户在亲身经历某件事之后在微博上发表的博文经常会得到广大用户的关注,导致其博文短期时间内得到疯狂地转发和评论并因此引起强大的社会反响。但是等到事件过后其博文受关注的程度又会回归平静。这就是短暂型意见领袖。同时,在微博中存在这样一类用户,他们之前没有感受到微博给他们的作用,平时很少在微博上互动;但是当他们感受到微博给他们带来巨大作用之后就会千方百计地去提高自己的影响力。我们把这类用户称为潜在型意见领袖。

7.3　日志数据可视化

7.3.1　商业数据可视化

随着企业业务支撑系统中数据量不断膨胀,如何提高企业的分析决策能力,提高市场响应速度,怎样才能把大量的数据转换成可靠的信息、有用的知识,以帮助企业增加利润和市场份额,并以统一的、易于访问的展现方式呈现给决策人员,这已成为当前商业智能及其可视化领域研究的一个热点。

随着商业智能在企业实践中不断深化和企业对海量数据分析和处理能力要求的不断提升,商业智能中智能信息处理技术也在不断发生着改变,这种改变迫使 BI 的前端数据可视化技术也要做出相应的改变。因此,如何实现将 BI 中通过智能信息处理技术建立的模型数据,借助于各种数据访问接口和展现平台可视化地表现出来,是当前 BI 可视化研究领域亟待解决的问题。

IBM 所推的“IOD”(信息随需应变,information on demand)战略中对此描述得更为清楚:企业需要将业务数据转换成企业资源,实现从数据到信息,再到智能和洞察力的转变。其实本质上,企业需要商业智能做的是透过数据提供出对市场环境和企业运营管理的一种洞察力,一种基于对过去历史数据分析、预测的能力。要更快、更好地获得这种洞察力,需要借助于更高级别的智能信息处理技术和对应的数据可视化技术来解决。

最早的数据可视化概念起源于统计科学,早期的大部分工作牵涉一系列的对多维或者多变量数据集的统计分析。而商业智能中的数据可视化,也可以称为 BI 数据展现,则是以商业报表、关键绩效指标、图形等易为人们所辨识的方式将原始数据间的复杂关系、潜在信息以及发展趋势,通过可视化展现平台,以易于访问和交互的方式来揭示数据的价值,从而改善决策人员的业务过程洞察力。

早期,在没有使用可视化展现平台之前,传统的数据分析和调查工作,企业往往要求专业的数据分析人员借助统计分析软件,如 SAS、SPSS、

Excel 等工具,来做相关数据报告进行分析和讨论,其中也可能会根据数据分析的要求进行一些额外的手工分析工作。因此,这种方式并不利于决策人员及时、便捷地直接获取业务过程中的洞察力。在企业建立了 BI 可视化展现平台后,决策用户可以很方便、及时地提取出业务问题分析报告中的关键因素,帮助企业决策用户找出商业计划与实际情况之间的差距,深入分析每个具体领域中的详细状况。随着主流 BI 软件公司纷纷收购 BI 可视化展现工具,以及扩展自身平台提供的展现工具功能,可视化展现工具的应用能力进一步增强。例如,SAP 收购 Business Objects、IBM 收购 Congos,Microsoft 扩展了 Excel 的数据分析功能,门户(portal)厂商不断升级平台集成服务等一系列现象都充分表明了 BI 前端展现在 BI 技术体系框架中的重要位置。

霍娜在《让商业智能的结果形象化》一文中对 BI 数据可视化需求呼声日益高涨的因素总结成两点:一是业务与 IT 的日益结合带来的非 IT 人员理解、应用 IT 的需求;二是数据可视化技术本身可以带来的智能分析和调查的高效率。在一些特殊的应用领域,一方面,分析的数据和信息通常分布在许多不同的数据源中,信息量大且缺少关联性。另一方面,这种人工分析手段通常被看作特殊的专业技能,很难在组织中进行经验的共享和传递,存在一定的局限。可视化的商业智能能够给这些特殊领域,以及金融、电信等行业应用带来更多希望。

总体来说,一方面,可视化让商业智能结果更加易用;另一方面,就像财务软件、ERP 的应用引发了一批专业的报表工具厂商的发展一样,商业智能的发展或许在明天也会在整个产业链上催生一批专业的可视化软件厂商的繁荣。

商业智能中的数据可视化研究领域是随着商业智能中的智能信息处理技术不断深化而发生着改变。根据 2009 年最新的商业智能发展预测,总结出目前商业智能中的数据可视化发展呈现出 3 大特点。

(1) 标准化

标准化是 SAP、微软、IBM 等主流 BI 公司关心的概念。随着企业信息化的不断提升单一的商业智能产品很难满足用户的所有需求。因此,主流 BI 软件公司在标准组织下正致力于 BI 协议和技术的标准化和规范化,以解决 BI 平台软件之间的互操作问题。

(2) 智能化

随着企业期望对海量数据处理能力提出更高的要求,商业智能中的数据可视化从传统的操作性 BI 数据可视化过渡到了面向高级主题的分析型 BI 数据可视化。因此,建立在基于数据挖掘、案例推理、模糊查询、神经

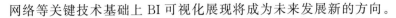

网络等关键技术基础上 BI 可视化展现将成为未来发展新的方向。

（3）集成化

集成化是伴随着企业信息门户（enterprise information portal，EIP）集成服务不断提升和门户开发的简易性而提出的，借助门户工具集成服务功能将商业智能中的关键技术和企业信息门户无缝地集成在一起，实现对结构化或非结构化数据的统一管理、权限控制和集中展示，已成为当前及未来一段时间内商业智能中数据可视化系统实施方案的重要策略之一。

7.3.2　移动轨迹数据可视化

随着定位、跟踪和存储技术的快速发展，人们已经能够搜集大量的车辆、动物和人的移动轨迹数据（简称轨迹数据）。对这些数据进行分析可以有效地帮助人们了解一个城市的交通状况、动物的活动习性和人的移动规律。轨迹数据的分析是一项难度很大的工作，其具有时空特性，而且数据量大、维度高。轨迹数据是一种采样数据，往往面临采样率低、误差范围大等问题，对其的分析可以采用数据挖掘的方法。但因为轨迹数据本身具有时空特征，可视化方法往往可以最直观地展现这些轨迹。另外，可视化方法还可以用来对轨迹数据中的错误进行修正，发现轨迹中多维属性之间的关系，并探索数据中隐藏的时空规律。

轨迹数据具有时空属性和许多其他属性，如速度、方向、高度等，可视化技术可以用来直观地表现其中的一种或多种属性。如何将多种属性集成到一个显示图上以揭示这些属性之间的联系，以及如何解决大量轨迹数据所带来的视觉混淆，是轨迹数据可视化面临的挑战。

（1）轨迹的空间属性可视化

轨迹的空间属性一般是移动物体在空间中的位置及该位置周围的地理情况。最初的显示轨迹的方式是简单地在地图上显示孤立的 GPS 记录点，如图 7.20（a）所示。早期众多研究者多使用这种方法来调查探讨实体独立的活动，从而在地图上找到有重要分析意义的位置，如活动停止的位置，通过观察不同时刻点的位置，用于发现点的轨迹变化。

随着定位技术的进步，由原始的记录点形成的曲线或线条能更好地表示运动的轨迹。研究人员通过使用插值来研究不完整的轨迹数据集，提供连续的轨迹，如图 7.20（b）所示。除那些使用地图作为背景来直接标识轨迹数据的可视化方法外，研究人员已开发出了新的数据转换技术，能更好地揭示与表达轨迹中包含的一些规律与趋势。一种可行的数据转换方法是将数据的原始位置变换到一个抽象的空间,使地理信息转化为有意义的多元数据。通过对数据中实体和一些重要的位置之间的距离进行计算得到这个抽象的空间,这些重要位置的范围可以是一个单一(或多个)的固定点、一个(或多个)移动的点,甚至实体之间的距离。这种方法通过结合这些抽象的视图与实际空间上分布的情况进行分析,提供了一种帮助分析人员建立从抽象空间映射回现实空间的方法。

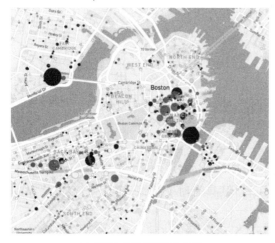

(a) 基于点变化的可视化表示

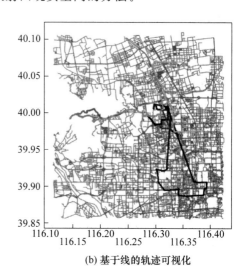

(b) 基于线的轨迹可视化

图 7.20　轨迹空间属相的两种表示方法

（2）轨迹的时间属性可视化

时间表达具有一种在粒度上的层级系统,包括秒、分钟、小时、天、周、月、年、世纪等。时间包含自然循环周期,其中一些规律在某种程度上可以预测,如季节;其他一些不寻常的规律包括社会周期或经济周期。当数据涉及时间时,动画显示通常被视作分析的第一选择,许多研究者选择用动画方式来展示轨迹的演变。动画地图被广泛用于移动数据的可视化,但也有的心理学研究认为动画不一定优于静态展示。

在进行时空属性相关的可视化分析设计时,通常会使用颜色来对不同的时间段进行分类。以船舶运动轨迹的密度图为例。

如图 7.21 所示的轨迹密度图是一个混合了 4 种密度的图,每种密度代表每天的四分之一时间段,用于该密度图的色彩定义如下:凌晨以后是深蓝色,早上是明亮的黄色,下午是暗黄色,晚上则是明亮的蓝色。此外,色彩饱和度用来表示不同区域的密度疏密,色调则由那些密度最高的时间段决定。图 7.21 显示了主要航线在白天最常用,而在夜晚航线发生偏离的情况。

图 7.21　鹿特丹船舶一天的交通密度图

（3）轨迹其他相关属性的可视化

无论轨迹数据是从哪里或是从哪个应用领域里搜集到的，这些数据都拥有时空属性。除此之外，不同的应用领域搜集到的轨迹数据具有许多不同于时空特征的属性，包括速度、方向、高度等。当数据具有复杂属性（如移动数据中涉及空间、时间、移动实体、数字和定性的特点）时，通常不能很好地被传统的可视化方式充分显示。

7.3.3　网络安全日志可视化

近年来，随着计算机网络规模不断扩大，信息高速公路不断提速以及网络应用的不断增加，网络安全面临着越来越严峻的考验。特别是进入"大数据"时代以来，网络攻击呈现出大数据的"3 V"甚至"多 V"特征：攻击规模越来越大（volume），如分布式拒绝服务（distributed denial of service，DDoS）攻击，常常可以发动成千上万的设备同时攻击一台主机；攻击类型越来越多（variety），新的攻击模式和病毒木马的变种让人防不胜防；攻击变化越来越快（velocity），如一次有预谋的网络攻击往往包含多个步骤和多种应变的方案。纵观我国互联网网络安全态势，网络安全问题不断攀升，主要表现为：网络基础设施面临严峻挑战；网站被植入后门、网页仿冒事件等隐蔽性攻击事件呈增长态势，网站用户信息成为黑客窃取的重点；拒绝服务攻击仍然是严重影响我国互联网运行安全最主要的威胁之一，针对我国重要信息系统的高级持续性威胁（advanced persistent threat，APT）形势严峻。横观世界各国情况，以亚太地区为例，情况惊人地类似，网站的篡改、仿冒，病毒、木马、恶意程序的感染，高等级网络入侵、攻击等成为主要问题。国内外网络空间安全威胁的不断升级呼唤新型技术出现。

网络安全问题首先是人的问题，不管是网络威胁的发起、检测还是制衡，人的知识和判断始终处于主导地位。应用实例表明，在处理某些复杂的科学问题上，人类的直觉胜于机器智能，可视化、人机交互等在协同式知识传播和科学发现中起重要作用。网络安全可视化（network security visualization）是信息可视化中的一个新兴研究领域，它利用人类视觉对模型和结构的获取能力，将抽象的网络和系统日志以图形图像的方式展现出来，帮助分析人员分析网络状况，识别网络异常、入侵，预测网络安全事件发展趋势。对网络日志进行可视化研究不但使安全威胁看得见、摸得着，在人和技术中间架起一座良好的沟通桥梁，保护着日益重要的网络空间，更加重要的是图形图像比枯燥的日志数据更容易被人识别和认同，为决策者制定网络安全政策提供可靠而形象的数据来源。

可以把网络安全日志可视化用下面公式来诠释：网络安全日志可视化＝人＋事＋物，"人"包括决策层高度重视，管理层把控质量，执行层落实到位，其中安全团队（专家）实时有效的分析和快速的响应是关键；"事"指网络安全事件，主要包括事前预防，事中接管，事后处理，其中如何快速地掌握事件真相并做出响应是关键；"物"包括防火墙、IPS、防病毒、交换机、VPN（virtual private network）、堡垒机等网络安全设备，其中合理配置数据、调优、联动是关键。从上式可以看出，网络安全日志可视化包括三要素："人"是关键；"物"是基础；"事"是网络安全要查找和解决的目标。网络安全日志可视化研究首先要分析数据或日志（来自于"物"）结构，进行预处理，选择基本的视觉模型，建立数据到可视化结构的映射，不断改善表示方法，使之更容易视觉化并绘制视图，最后通过人机交互功能和"人"类认知能力来检测、识别、分类隐藏在数据中的有用信息（网络安全"事"件），从而提高感知、分析、理解和掌控网络安全问题的能力，如图 7.22 所示。

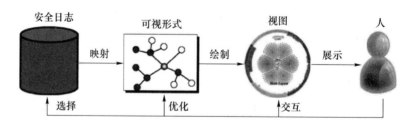

图 7.22　网络安全日志可视化流程图

由于人类的生存环境是三维空间，作为人类感知世界的视觉系统也就很难脱离三维空间定式。同时由于人类感知模式的限制——对于多维抽象物体理解困难，人们对网络安全数据通常采用的方法是对多维抽象信息进行降维处理，映射到二维或者三维可视空间来实现网络信息的可视化，这些都依赖于可视化方法的不断发展和改进。网络安全日志可视化最大的挑战是如何为既定的目标和数据源去选择合适的图技术。国内外很多学者已经提出了相当数量的多维可视化方法,根据这些技术出现的先后顺序以及应用的广度和新颖度,把网络安全可视图技术分为三类:基础图、常规图和新颖图,如表 7.1 所示。基础图是大家熟知的、容易使用的图形,包括饼图、直方图、线图以及它们的 3D 表示方法,这些图形简单明了,容易理解,适合于表达网络安全数据某些细节,经常作为补充说明图。由于基础图表达数据维度宽度和广度有限,经过不断的发展,涌现出一批经典的常规图技术,这些技术源于基础图,但表现的灵活性、适应性、扩展性要优于基础图。常规图技术不再是简单的图形映射,而是要尽量反映多维信息及其各维度之间的联系,目的是在人类脑海中建立多维抽象信息,在低维空间中展现多维抽象信息的特征。在过去的 15 年里,图技术不断推陈出新,新颖图其设计之精巧、表现力之丰富,令人叹为观止,图中包含的信息意味深远。研究人员通过不断地改进图形布局模式,结合多种图形优势,创新构图方式,特别是在图形审美和可用性相结合方面进行了深入的研究,众多视觉元素,如文字、色彩、大小、形状、对比度、透明度、位置、方向等自由排列组合,交织组成动人的画卷,让人能够在有限的显示空间中获得更广的信息量、更直观的理解力、更优美的图形和更强的交互力。

表 7.1　图技术类型

分类	可视化技术	维度	每维度节点数	数据类型	图像交叠	用例和特点
简单图	饼图	1	10	类别型	无	比较一维数据中各成员所占百分比
	柱形图	1	50	类别型	无	显示一维数据中各成员的频率分布或聚合函数输出,柱形的高度代表数值的频率
	折线图	1	50	有序性、间隔型	可避免	显示一维数据中各成员的频率分布或聚合函数输出,数据点用线段连接表示模式或趋势
常规图	堆叠图	2	50~500	类别型,间隔型	可避免	显示二维数据中各成员的比率分布、频率分布或聚合函数输出
	散点图	2~3	1 000	连续型	存在	检查二维数据间的联系、聚类或趋势
	平行坐标	n	1 000	任意	存在	将多维数据映射到平行轴,反应变化趋势及其各变量之间的关系
	节点链接图	2~3	1 000	任意	存在	用于可视化维度之间的内在关系或路径分析

分类	可视化技术	维度	每维度节点数	数据类型	图像交叠	用例和特点
常规图	地图	1	100	坐标型,任意	可避免	用于显示数据和物理位置之间的联系
	树图	n	10 000	类别型,任意	无	用于可视化层次数据,一次性比较多维数据
	标志符号	n	100	类别型	可避免	用象征性或标志性的符号表达数据集的一个或多个维度信息
	热图	2~3	10 000	任意	无	将数据映射到一定的颜色空间,以特殊高亮的形式显示数据分布特征
新颖图	流图	n	1 000	任意	可避免	利用河流这一隐喻直观地展示不同主题随时间发展的过程
	弧线图	n	500	类别型	存在	设计良好的节点顺序,使得汇聚和联系很容易被识别
	辐状汇聚图	n	100~500	类别型,任意	存在	探索实体组之间的关系
	日照图	n	1~100	类别型,任意	可避免	利用空间填充技术展示层次结构关系
	蜂巢图	3	10 000+	任意	存在	建立一个大型网络的可视化基线
	力导向图	2~3	1 000+	任意	可避免	通过美化布局模式展示一维和多维值之间的内在联系,进行路径分析

网络安全日志可视化分析是信息可视化中的一个新兴研究领域,它能有效解决传统分析方法在处理海量信息时面临的认知负担过重,缺乏全局认识,交互性不强,不能主动预测和防御等一系列问题。网络安全日志可视化系统分类如表7.2所示。

表7.2 网络安全日志可视化系统分类

分类	可视化系统	图技术	数据源	主要功能
防火墙日志可视化	Girnalim 等	散点图	Firewall 日志	降低防火墙使用技术;发现网络出口的可疑事件;合理调整防火墙策略
	Chao 等	节点链接图	多 Firewall 日志	
	Mansmam 等	日照图 *	Firewall 日志	
	FPC	3D 符号标志/节点链接图	多 Firewall 日志	
	VAFLE	热图	Firewall 日志	

分类	可视化系统	图技术	数据源	主要功能
入侵系统日志可视化	Snort View	散点图/符号标志	Snort	降低管理员认知负担；去除误报、重复报；提高检测攻击能力
	IDS Rainstorm	散点图	StealthWalch	
	Vizaler	雷达图	IDS 日志	
	Avisa	辐状汇聚图*	IDS 日志	
	Zhang 等	甘特图/树图/节点链接图	IDS 日志	
	Alsaleh 等	散点图/树节点图/树图/指环图/平行坐标	PHPIDS	
	IDSPlanet	环图	IDS 日志	
	Song 等	3D 树图	IDS 日志	
网络负载可视化	Pertal	节点链接图	Packets	监控网络流量负载变化；流量特征分析；发现端口扫描、拒绝服务攻击和恶意代码扩散等网络攻击
	Visual	散点图	Packets	
	PCAV	平行坐标	Netflow	
	Flow-Inspecton	堆叠直方图/力引导图*/蜂巢图*	Netflow	
	Miket 等	弧图*	Netflow	
	NetflowVis	辐射布局/主题流图*	Netflow	
主机状态日志可视化	Erteacher 等	符号标记	服务器日志	展示主机和服务器的状态；检查恶意进程或软件；提升主机服务质量
	Mansmand	节点链接图	主机日志	
	Mocha BSM	时序图/符号标记	主机在线进程	
	CCGC	仪表盘	服务器日志和网络流	
	阿里云/盛大云/腾讯云	各种可视图技术相结合	虚拟服务器管理进程	
	吴峰	平行坐标	云主机监控日志	
多源大数据融合可视化	NAVA	节点链接图/平行坐标/树图/甘特图	根据需要选择	合理选择互补的安全数据并融合到高层次视图；大规模数据处理；把握整个网络的运行状态和变化趋势；态势评估和辅助决策
	MVSEC	雷达图/热图/堆叠流图*	NetFlow/Firewall/Host status	
	Noctune	时间线/热图矩阵/地图	NetFlow/IPS/Bigbrother	
	AnNete	时间线/辐状图/平行坐标	NetFlow/IPS/Bigbrother	
	SpringRain	热图	NetFlow/IPS/Bigbrother	
	Banksafe	时间线/树图	IDS/Firewall	
	NSVAS	3D 节点链接图/雷达图	NetFlow/Firewall	

由于现代网络面临的安全挑战更加复杂和艰巨,网络安全日志可视化将安全日志分析和可视化技术有效结合,充分利用人类对图像认知能力强和机器对数据处理性能高的特点,通过提供图形图像等交互性工具,提高了网络安全分析人员对网络问题的观测、分析、感知、理解和决策能力,有效地解决了传统分析方法认知负担重、缺乏全局意识、缺乏交互方式、缺乏预测和主动防御等一系列问题。前期虽然取得了一定的成绩,但是如何将可视化理念传递给观测者(以人为本)和有效地创建可视化原理和技术(以图为媒)仍然是研究的本质方向。

本 章 小 结

本章通过介绍文本与文档可视化、社交网络可视化、日志数据可视化等内容,为读者阐述了跨媒体数据的可视化方法。通过本章学习,读者可了解跨媒体数据可视化的一般思路和方法。

习 题

(1) 如何进行文本与文档的可视化?
(2) 如何进行社交网络的可视化?
(3) 举例说明日志可视化的用途。

第8章

可视化交互与评估

可视化不仅是单纯的呈现,它还包括了用户与系统之间多轮次的信息交互。本章重点向读者介绍可视化交互与评估的方法。

8.1 可视化交互

典型的可视化交互实质是相应流程,包括数据采集、数据变换、可视化映射、用户感知等部分,如图8.1所示。

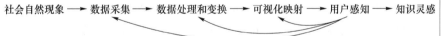

图 8.1 可视化流程

8.1.1 可视化交互类型

可视化由视觉呈现和交互两部分组成。可视化中的交互,可以缓解有限的可视化空间与数据量过载之间的矛盾。例如,对于高维数据,交互可以利用分组进行降维。从交互任务的角度,对数据产品中的单图和仪表盘进行操作,常见的交互如下。

(1)选择

能让用户标记出自己感兴趣的数据对象,方便查询和跟踪变化情况。例如,可以对表、单图、仪表盘进行收藏,之后可以在"我的收藏"处查看选择对象。也可以是对于可视化图形的内部数据选择,如图8.2所示,操作人员通过选择图形中的具体区域,获得了该区域样本数目占整个全样本的比例。

图 8.2　选择示意图

(2)重配

提供观察数据的不同视角,可以对图表排列重新编辑、切换图表形式,如图 8.3 所示。例如,Amplitude 提供了看趋势的折线图切换到看分布的柱状图的功能,但并不是每一个图表都需要具备切换图表形式的功能,如果切换的图表类型不能帮助用户得到结论那就不要加了。

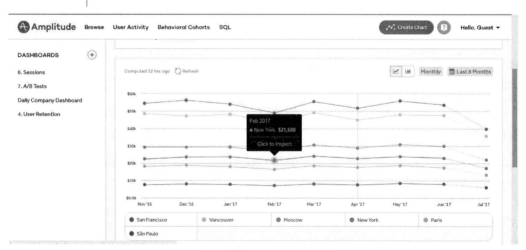

(a) 选择某个点之后可选择跳转

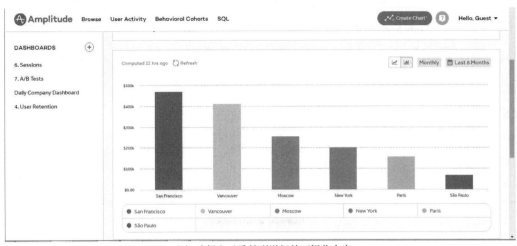

(b) 选择之后跳转到详细的可视化内容

图 8.3 重配示意图

（3）编码

可以自定义改变数据元素的颜色、大小、字体、形状等，如图 8.4 所示。例如，Echarts 可以对图表换肤，并对图表做一些基本配置，这种个性化编码的方式也运用到越来越多的数据平台上。

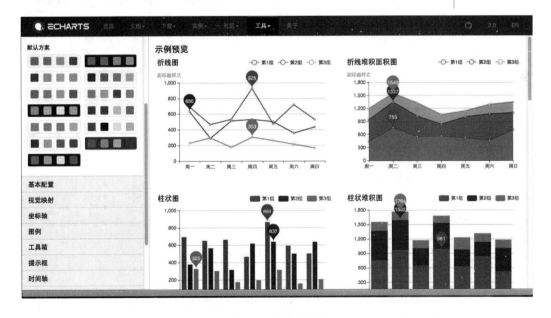

图 8.4 编码示意图

（4）抽象和具体

为用户提供不同层级的信息，可以控制显示更多或更少的数据信息，如图 8.5 所示。例如，提供了对数据表进行合计的功能，展开可以查看具

体的细节信息。数据观提供了数据下钻的功能,可以钻取到有层级的维
度的最小粒度。

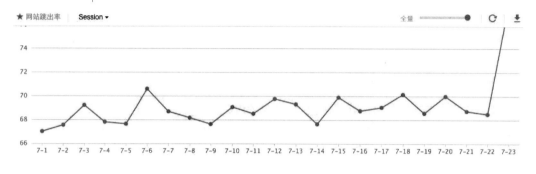

指标	合计 ⊟	7-23(日)	7-22(六)	7-21(五)	7-20(四)	7-19(三)	7-18(二)	7-17(一)
网站基础指标-默认Session的跳出率(%)	68.77%	77.78%	68.49%	68.73%	69.99%	68.56%	70.15%	69.05%

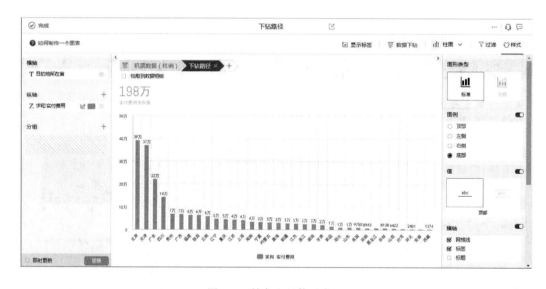

图 8.5 抽象和具体示意图

(5)过滤

通过设置约束条件实现信息的动态查询,对离散型数据选择枚举值,
对连续型数据圈定选择范围,如图 8.6 所示。常见的方式有单选框、复选
框、滑块、文本框等。

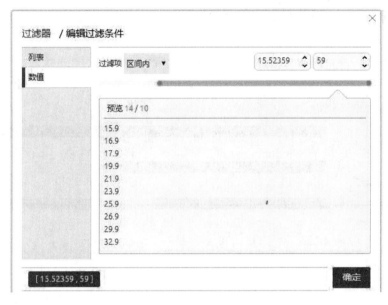

图 8.6　过滤示意图

（6）关联

显示数据之间的联系，多视图对同一个数据在不同视图中的不同的可视化表达。例如，阿里云 Quick BI 通过关联一张交叉表和地图，可以通过操作地图，动态筛选出交叉表里的信息。

（7）溯源

向信息上游寻找数据变异的原因，如图 8.7 所示。例如，Amplitude 提供了在悬停状态下可以对具体图表进行溯源，或者通过单击进行溯源。

（8）对比

可以对不同的时间范围、空间范围进行对比，也可以自定义维度进行对比，还可以将总体数据和具体数据进行对比，如图 8.8 所示。

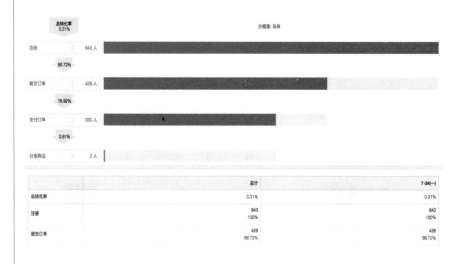

📅 2017-7-17 至 2017-7-22		用户一天内进行任意事件的小时数							一天内 ▾	
用户行为日期 ▾	总人数	至少2小时	至少3小时	至少4小时	至少5小时	至少6小时	至少7小时	至少8小时	至少9小时	至少10小时	至少
7-17(一)	👤 5,...	在7-18(二)这一天内进行了任意事件的 5,648 人中，有 2,726 人在一天内进行了至少 2 小时任意事件	48 0.9%	2 0%	0 0%	0 0%	0 0%	0 0%	0 0%	0 0%
7-18(二)	👤 5,648	2,726 48.3%	192 3.4%	60 1.1%	3 0.1%	1 0%	0 0%	0 0%	0 0%	0 0%
7-19(三)	👤 5,764	2,821 48.9%	199 3.5%	69 1.2%	4 0.1%	0 0%	0 0%	0 0%	0 0%	0 0%
7-20(四)	👤 5,463	2,604 47.7%	160 2.9%	57 1%	6 0.1%	2 0%	0 0%	0 0%	0 0%	0 0%
7-21(五)	👤 5,555	2,706 48.7%	162 2.9%	53 1%	4 0.1%	1 0%	0 0%	0 0%	0 0%	0 0%
7-22(六)	👤 5,592	2,719 48.6%	204 3.7%	56 1%	5 0.1%	2 0%	0 0%	0 0%	0 0%	0 0%

图 8.7 溯源示意图

图 8.8 对比示意图

8.1.2 空间交互的可视化方法

对于空间交互数据，可视化方法能够展示全局的或局部的空间交互的分布格局和模式特征。早期的可视化方法包括流地图和交互矩阵。受限于数据获取技术，这些方法是基于粗粒度的离散数据的，是对聚合的地理单元（如城市、省份等）层面空间交互的可视化。大数据时代产生的海量交互数据使得这些传统的方法难以直接应用，随着一些优化方法和新的可视化技术被相继提出，我们能从不同时空尺度发掘交互信息和规律。

1. 空间交互显式可视化

显式可视化即把区域间的交互信息直接呈现在地图上，可以清楚地表示区域间的交互模式。空间交互由于具有带权矢量的数据结构，因此可以用有向线段(直线段或曲线段)来表示,并形象地称之为"流(flow)",如图 8.9 所示。线段的端点表示交互的 OD 点,线段的颜色、粗细等属性则表示交互的强度。流地图的优势在于能够十分直观地显示空间交互的方向、距离、强度这三个重要属性,并可以同时表达所有区域间的交互。然而,传统的流地图只能表示小规模的交互数据,随着交互区域、交互次数的增多,流之间的交叉、重叠问题会严重影响可视化效果。

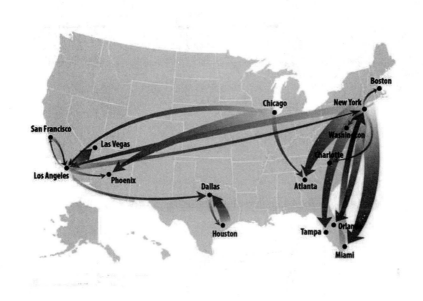

图 8.9　美国人口的迁移简化图

区域设色地图将研究范围划分成多个子区域,每个子区域与其他区域都存在不同程度交互。因此选定一个目标区域,对其他区域填以不同颜色,表现与此目标区域交互强度。这种方法的优点在于可以清楚地看出其他地区与特定地区的交互量及其空间分布。但是一幅图只能对一个区域与其他区域的交互信息进行可视化,因此只适用于表现少数几个区域的空间交互模式。图 8.10 为北京市出租车在不同时间段的上车点密度,其中(a)图为晚上 11 点 45 到早晨 6 点半的上车点密度分布,(b)图为早晨 6 点半到 8 点 15 的上车点密度。

空间组合统计图是用分区统计图表法的形式表现空间交互模式,它只关注区域与外界的交互模式,而不是把交互的 OD 都表示出来。其优势在于对每个区域的空间交互信息能够很好地综合和表达,但是当所表示的区域较多时,也会存在统计图交叠的情况,另外图的大小不均衡,较小的图不易观察。图 8.11 表示的是纽约出租车车流变化的可视化,图中展示了纽约市的两个机场,并研究了从这两个机场出发的客流量。我们可

以看到,周日的两个机场出发的客流量都明显较小。此外,这些客流的终
点集中在纽约市中心。

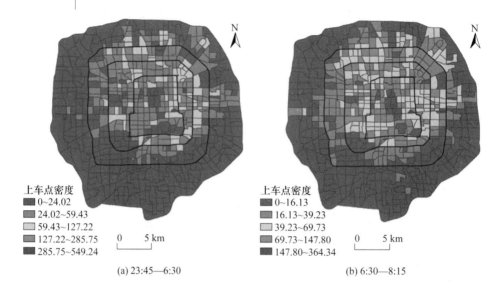

上车点密度
■ 0~24.02
■ 24.02~59.43
■ 59.43~127.22
□ 127.22~285.75
■ 285.75~549.24

0   5 km

上车点密度
■ 0~16.13
■ 16.13~39.23
■ 39.23~69.73
□ 69.73~147.80
■ 147.80~364.34

0   5 km

(a) 23:45—6:30   (b) 6:30—8:15

图 8.10　北京出租车不同时间段上车密度点可视化

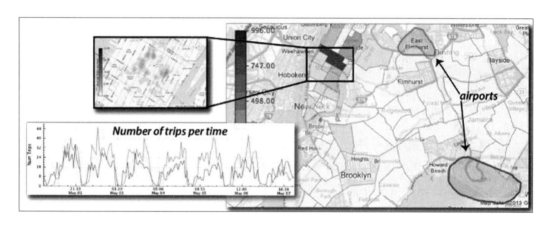

图 8.11　纽约出租车周日的客流量分布可视化

2. 隐含位置特征的可视化

　　隐含位置特征的可视化方法只表现空间交互的模式,并不展现其空
间分布,因此丢失了空间模式。当前图(graph)的可视化技术较为成熟且
应用广泛,由于区域可以抽象为节点,其间的交互则是连接节点的边,所
以空间交互的可视化可采用图的结构。Von Landesberger 等人提出的
Mobility Graphs 就是其中一种典型的方法,这个方法首先对全部交互数
据建立图结构,然后基于改进的 DBScan 算法对区域进行合并,从而形成
较好的图布局,如图 8.12 所示。左图为原始数据,中间为过滤后数据(区

域间交互量不少于 200 次），右图是基于图的可视化。

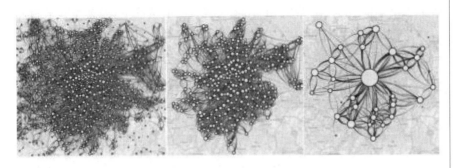

图 8.12　伦敦居民午后出行数据的可视化

由于空间交互能用图的结构进行表示，交互矩阵也由图的邻接矩阵借鉴而来。首先对空间区域编号，在交互矩阵中行和列对应各个区域，矩阵元素的色阶表示交互的强度。Ghoniem 等人的研究表明，当节点数超过 20 时，基于矩阵的可视化效果要优于基于图的可视化。交互矩阵需要对行或列的进行排序以突出矩阵视图里交互特征和规律，如图 8.13 所示。另一不足在于空间交互的不均匀性导致矩阵比较稀疏。

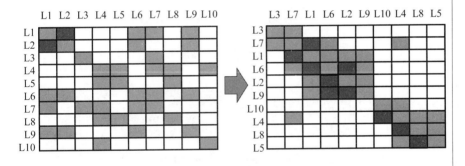

图 8.13　矩阵重排使得空间交互可视化模式更为明显

OD map 是一种基于空间变换的可视化方法。如图 8.14（a）所示，这种方法把空间区域进行矩形划分，并对行、列分别进行编码，在右图的 OD map 中，大格编号表示 O 点位置，小格编号代表 D 点位置，颜色可表示交互强度。例如，在 OD map 中$(AE, 25)$处元素表示的是是从位置$(A, 2)$到$(E, 5)$交互（红色）。图 8.14（b）展示了模拟数据的可视化。这种可视化方法不会出现杂乱问题，但全局模式被割裂成小的子模式。

3．空间交互时态变化可视化

Flowstrates 由 Boyadin 等人提出，主要由三部分构成，如图 8.15 所示，左图和右图分别为空间交互的 O、D 点分布地图，中间为时序热力图，每行的连线即表示左、右两图中对应的 OD 点间的空间交互强度的时间变化情况。这个方法能够追踪任意两个区域间的空间交互的动态变化,但丢失了交互的空间分布模式,并且在区域很多的情况下,展现交互数据和查找热力图都是很低效的。

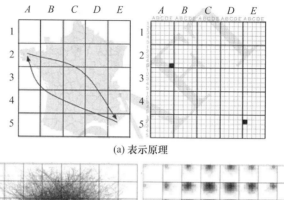

(a) 表示原理

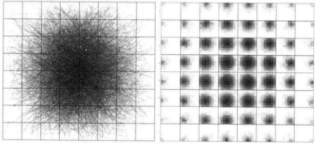

(b) 随机生成的交互数据及其*OD* map

图 8.14 *OD* map 可视化

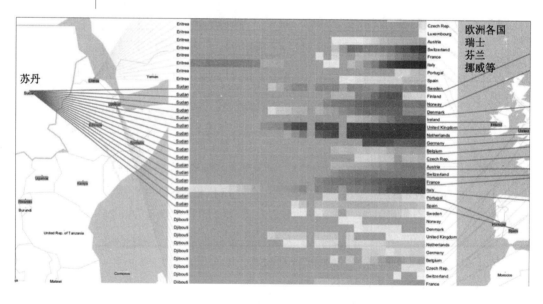

图 8.15 东非到西欧间的难民移动

平行坐标法也是一种应用广泛的方法,可以发现区域间的交互模式的变化差异,但由于只表现交互数据的某项指标,无法反映空间模式。Guo 等人用对深圳市不同区域出租车数据按全天 6 个时段进行划分,计算每个区域每个时段的空间交互指标,然后用平行坐标法展示其变化,并发现了四类模式,如图 8.16 所示。

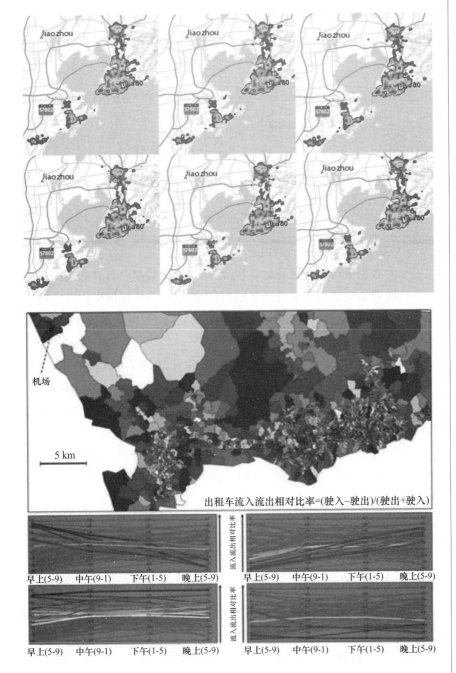

图 8.16　深圳市各区域驶入和驶出的出租车数量指标变化,颜色对应不同区域

8.1.3 可视化模型

可视分析通过人机交互自动处理和可视化分析方法紧密结合在一起。图 8.17 表示了最新的可视化分析模型。

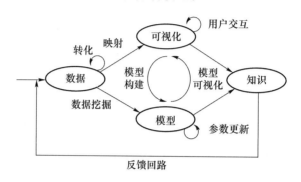

图 8.17　最新的可视化分析模型

从数据到知识有两个途径：
- 对数据进行交互可视化，以帮助用户感知数据中蕴含的规律；
- 按照给定的先验进行数据挖掘，从数据中直接提炼出数据模型。

通过这两个途经，用户可以对模型可视化，也可以从可视化结果中构建模型。

在许多应用的场合，可视化分析操作的对象是多源异构数据。在这些数据中，有很多是噪声、非结构化数据、异常数据，可视化界面帮助分析人员在自动分析时直观地看到参数的修改或者算法的选择，增强了模型评估的效率。

此外，允许用户自主组合自动分析和交互可视分析的方法是可视分析流程的基本特征。在这个过程中，我们可以通过可视化及时发现中间步骤的错误或者自相矛盾的错误。

8.1.4 可视化交互软件

(1) Microsoft Power BI

如图 8.18 所示的 Power BI 是一个一体化的 BI 和分析平台，提供"即服务"或者桌面客户端，但是评分最高的还属其可视化功能。可视化能够直接从报告中创建，可以同整个组织的用户共享。除大量的内置可视化样式外，还可以在 AppSource 社区不断创建新的可视化样式，或者如果想自己编码,那么可以使用开发人员工具(Developer Tools)从头开始创建并与其他用户共享。它还包括一个自然语言界面,允许通过简单的搜索词建立不同复杂度的可视化。Power BI 一直被评为最易使用的可视化数据探索工具之一。

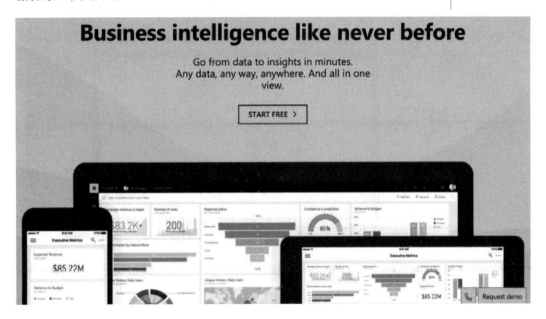

图 8.18　Power BI 示意图

（2）Tableau

如图 8.19 所示的 Tableau 一直被认为是数据可视化工具的业界标杆,并且也有庞大的使用群体。据报道,该工具的活跃用户账号已达 5.7 万个。这个工具的吸引力来自其灵活性,虽然对于初学者来说它并不那么易于使用,但是它拥有以全球用户群形式存在的巨大支持网络,贯穿众多产业。

该工具的强大之处在于其更加适合大数据处理,尤其是涉及快速变化的数据集,其目的在于能够更加容易地插入大量工业标准的数据库,如 MySQL、Amazon AWS、Hadoop、SAP 和 Teradata。目前该工具有 3 个可用形式:桌面、服务器和云在线。该服务将添加超记忆能力(hyper in memory capabilities)功能,旨在加快对庞大数据集的分析速度。

图 8.19　Tableau 示意图

（3）QlikView

如图 8.20 所示的 QlikView 是基于组织使用的任何数据来构建和共享可视化的另一个非常受欢迎的工具。近几年来，Qlik 一直努力使其产品更容易访问，并且在处理数据时无论技术能力如何也更易于使用。然而，

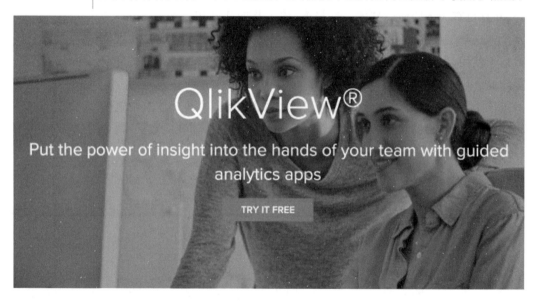

图 8.20　QlikView 示意图

这并不意味着它会牺牲其功能或特性，只需几分钟，工具即可获取具有洞察力的可视化结果，并可以通过设备独立的基础架构随时与任何人共享。它通常与提供商的 QlikSense 平台一起使用，以提供端到端的分析和报告。它还具有先进的安全功能，可根据个人用户的需要设置不同级别的数据访问权限。

（4）FusionCharts Suite XP

如图 8.21 所示的 FusionCharts 能够创建大量基于 Java 的互动图表，其优点是它们可以轻松快速地嵌入任何可以运行 Java 的地方。该工具的一个关键优势是，由于它们以原生 Java 运行，因此其功能在任何显示设备上看起来都是相同的。该工具提供了大量的模板，用户可以简单地将自己的数据源输入到该模板中，该公司声称初学者将能够在刚使用软件的 15 分钟内创建他们的第一个图表和图形。用户从一开始就可以使用 90 种图表类型，从简单的线条和饼图到更复杂的热图、zoom line 和树图图表。

图 8.21　FusionCharts Suite XP 示意图

（5）Plot.ly

如图 8.22 所示的 Plot.ly 是另一个专注于可视化分析工具，并广泛用于大量商业和工业用途。Plot.ly 以其与解析编程语言（包括 R、Matlab 和 Python）的即插即用关系而创建更多技术和复杂的交互式图表和可视化的能力而闻名。Plot.ly 的基础是开源的 D3.js Java 可视化库，但它增加了一个先进和直观的图形用户界面，以及与众多专有 CRM 系统（包括无处不在的 Salesforce）进行连接。通过在线界面或任何支持的编程语言直接访问其库，可以创建可视化。可以通过 HTML 或 iFrame 简单地将基于实时大数据的从简单图表创建到完全交互式可视化的任何内容嵌入网站或报表中。

图 8.22　Plot.ly 示意图

（6）Carto

如图 8.23 所示的 Carto 专注于创建地图形式的图形，并因此具有许多特性，使其成为这种创建特殊形式的数据可视化的绝佳选择。它使用向导驱动的界面，这意味着通过图形化和基于 Web 的拖放环境来开始映射数据，并不需要很长时间。其软件即服务（SaaS）模式意味着它对于小型企业来说并不需要花费大量资金，而且随着用户对基于位置的智能图形报告的需求增长而发展。

图 8.23　Carto 示意图

8.2　可视化的价值和评估

8.2.1　可视化的价值

今天,大数据正越来越广泛地被应用到金融、互联网、科学、电商、工业甚至渗透到我们生活的方方面面中,获取的渠道也越来越便利。然而,很多公司企业只知道大数据的重要性,疯狂地存储搜集行业相关的大数据,生怕没有抓住大数据的风口导致自己的落后,却不知道怎样利用这些数据指导自己的业务和项目方向。让大数据静静地躺在公司的数据库里,白白地浪费了大数据真正的价值,也失去了大数据的意义。但是随着大数据时代的来临,信息每天都在以爆炸式的速度增长,其复杂性也越来越高。随着越来越多数据可视化需求的产生,地图、3D 物理结构等技术将会被更加广泛地使用。所以,当人类的认知能力受到传统可视化形式的限制时,隐藏在大数据背后的价值就难以发挥出来,如果因为展示形式的限制导致数据的可读性和及时性降低,从而影响用户的理解和决策的快速实施,那么数据可视化将失去其价值。所以,面临着这样的巨大挑战,大数据时代的数据可视化就显得尤为重要。

数据可视化都有一个共同的目的,那就是准确而高效、精简而全面地传递信息和知识。可视化能将不可见的数据现象转化为可见的图形符号,能将错综复杂、看起来没法解释和关联的数据,建立起联系和关联,发现规律和特征,获得更有商业价值的洞见和价值。并且利用合适的图表直截了当且清晰而直观地表达出来,实现数据自我解释、让数据说话的目的。而人类右脑记忆图像的速度比左脑记忆抽象的文字快 100 万倍。因此,数据可视化能够加深和强化大众对于数据的理解和记忆。

图形表现数据,实际上比传统的统计分析法更加精确和有启发性。我们可以借助可视化的图表寻找数据规律、分析推理、预测未来趋势。另外,利用可视化技术可以实时监控业务运行状况,更加阳光透明,及时发现问题,第一时间做出应对。例如,天猫的"双 11"数据大屏实况直播,可视化大屏展示大数据平台的资源利用、任务成功率、实时数据量等。

8.2.2　可视化的评估

可视化效果需要从以下几个维度去评价。

（1）有用性原则

可视化要同时满足业务目标与用户体验目标。这是什么意思呢？作为数据的可视化，必须要在业务目标与用户体验目标找到一个平衡点。如果不能同时满足，那可视化就是无效的、失败的。

我们来举个例子，用户在登录一款新 App 之前，最好的用户体验就是不需要注册登录就可以获得所有权限，用户体验目标达到了最佳，但是业务目标呢？我们的业务目标是搜集用户的数据并且对用户进行更好的管理。如果我们仅仅满足了用户体验目标，而将业务目标抛之脑后，那方案就没有满足"可用性"原则，而更像是一个异想天开的"艺术品"。

（2）可用性原则

设计方案要有良好的用户体验（如易于理解、操作成本低、使用无障碍等）。"可用性"原则更像是"有用性"原则中一个分支的细化，更加具体，更加专业。

我们来举个反面例子（图 8.24），大家应该都还记得 12306 的奇葩验证码，那一年刷爆朋友圈，有些验证用户根本无法识别，这就是一个可用性原则的反面教材，这种体验是违背可用性原则的，如果在没有业务需求限制的时候，一定要避免这种体验的发生，防止用户的高成本学习与操作，尽量让用户少思考，少选择。

验证码：

❌ 请点击验证码

图 8.24　12306 的奇葩验证码

（3）趣味性原则

趣味性原则也称为创意性、吸引力，就是拥有一些打动人心的细节，超出用户的心理预期。

如图 8.25 所示，这是一个输入账号密码的过程，一看就能明白，在输入密码的时候,设计者抓住了用户"希望在隐秘的环境下输入密码"这一心理,恰当地运用"遮住眼睛"这一设计手法增加了设计本身的趣味性与吸引力。其实还有很多可以增加吸引力、趣味性的设计方法,如自定义菜单、打动人心的动效、快捷入口等。

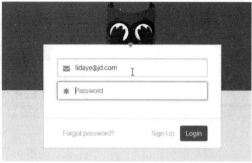

图 8.25　趣味性示意图

只有满足以上维度的可视化,才算得上是合格的数据可视化。

本 章 小 结

本章通过介绍可视化交互、可视化价值评估等内容,为读者阐述了可视化交互与评估方法。通过本章学习,读者可了解跨数据可视化交互与评估的一般思路和方法。

习　　题

(1) 如何进行可视化交互?
(2) 典型的可视化交互类型有哪些?
(3) 如何进行可视化评估?

第9章

可视化软件与工具

可视化呈现、交互等的构建离不开相应软件与工具的支撑,本章将为读者介绍典型的可视化软件与工具。

9.1 可视化软件分类

随着互联网以及各种电子设备的飞速发展,大数据的重要性日益彰显。而及时分析处理这些海量数据并加以运用,将其转化为直接的生产力是信息时代的当务之急。可视化是处理、分析与展示数据的一种较为常用的方式,它通过将文本数据转变为图形图像,可以帮助用户筛选出数据中的有效信息,揭示数据中潜在的联系和规律,增强用户对于数据的理解与记忆。随着可视化需求的增多和计算机技术的发展,近几年数据可视化软件如雨后春笋般涌现,其操作难度不断降低,运算能力不断增强,智能化程度不断提高。而对于现有的可视化软件,从使用用途上来说可以分为:科学可视化软件、信息可视化软件以及可视化分析软件。

9.1.1 科学可视化

科学可视化(scientific visualization)是科学之中的一个跨学科研究与应用领域,主要关注的是三维现象的可视化,如建筑学、气象学、医学或生物学方面的各种系统。重点在于对体、面以及光源等的逼真渲染,或许甚至还包括某种动态(时间)成分。

科学可视化侧重于利用计算机图形学来创建客观的视觉图像,将数学方程等文字信息转换大量压缩呈现在一张图纸上,从而帮助人们理解那些采取错综复杂而又往往规模庞大的方程、数字等形式所呈现的科学概念或结果,除有助于公众吸收外,更重要的是便于专家快速了解状况,在相同的时间内做出有效的筛选和判断。

图 9.1　铷原子速度的分布

图 9.1 显示了铷原子速度的分布情况,这表明了玻色-爱因斯坦凝聚的存在。颜色表示的是相应速度原子的数量,在图中表示山峰的高度,高度越高代表个数越多。红色(海拔高度低部分)表示相应速度的原子数量较少;白色(海拔高度高)表示相应速度的原子数量较多。左边是发生玻色-爱因斯坦凝聚之前;中间是玻色-爱因斯坦凝聚刚刚开始;右边是几乎所有剩余的原子都处于玻色-爱因斯坦凝聚状态。这也是科学可视化的一个经典应用,证明了科学定理的正确性。

9.1.2　信息可视化

信息可视化(information visualization)是对抽象数据进行(交互式的)可视化表示以增强人类感知的研究。抽象数据包括数值和非数值数据,如文本和地理信息。然而,信息可视化不同于科学可视化:信息可视化侧重于选取的空间表征,而科学可视化注重于给定的空间表征。

信息可视化这个领域起源于人机交互、计算机科学、图形、传媒设计、心理学和商业方法领域的研究。它被越来越多地用于科学研究、数字图书馆、数据挖掘、金融数据分析、市场研究、制造业生产管理和药物发现。

信息可视化认为可视化和交互技术可以借助人眼通往大脑的宽频带通道来让用户同时目睹、探索并理解大量的信息。信息可视化致力于创建那些以直观方式传达抽象信息的手段和方法。

　　数据分析是工业应用研究和解决问题中不可或缺的部分。最基本的数据分析方法有可视化（直方图、散点图、表面图、树状图、平行坐标图等）、统计学（假设检定、回归分析、PCA 等）、数据挖掘（关联挖掘等）以及机器学习方法（聚类分析、分类、决策树等）。在这些方法中，信息可视化或可视化数据分析，是人类分析师的认知能力最仰仗的，可以发现那些被人类的想象和创造力所限制的非结构化的"可操作的见解"（actionable insights）。分析师无须学习任何复杂的方法来解释数据是如何可视化的。信息可视化也是一种假设生成方案，通常后续会进行更多分析或形式化的分析，如统计假设检验。

　　如图 9.2 所示，这张图表示的是 2005 年年初因特网的部分映射。图中的点表示因特网中的网络节点，即 IP 地址；图中的线表示两个节点之间的网络延迟。从可视化的图中可以清晰地看出网络的拓扑结构。

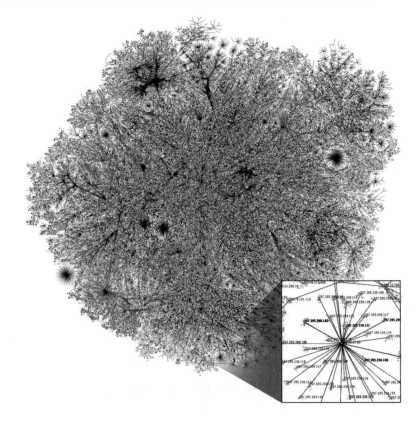

图 9.2　部分因特网网络映射图

9.2　科学可视化软件与工具

9.2.1　科学可视化应用

科学计算可视化的应用领域十分广泛,几乎可以应用于自然科学及工程技术所包含的一切领域。

（1）医学

尽管计算机断层扫描及核磁共振图像已广泛应用于疾病的诊断,但是,这些医疗仪器只能提供人体内部的二维图像。医生们只能凭经验由多幅二维图像去估计病灶的大小及形状,"构思"病灶与其周围组织的三维几何关系,这给治疗带来了困难。科学计算可视化技术可以由一系列二维图像重构出三维形体,并在计算机上显示出来。在此基础上就可以实现矫形手术、放射治疗等的计算机模拟及手术规划。例如,髋关节发育不正常在儿童中并不少见,当作矫形手术时,需要对髋关节进行切割、移位、固定等操作。利用可视化技术可以首先在计算机上构造出髋关节的三维图像,然后对切割部位、切割形状、移位多少及固定方式等的多种方案在计算机上进行模拟,并从各个不同角度观察其效果,最后由医生选择出最佳实施方案,从而大大提高矫形手术的质量。

（2）地质勘探

寻找石油矿藏是包括我国在内的许多国家的一项长期的战略性任务。其主要方式是通过地质勘探了解大范围内的地质结构,发现可能的含油构造,并通过测井数据了解局部区域的地层结构,探明油藏位置及其分布,估计蕴藏量及勘探价值。由于地质数据及测井数据的数据量极其庞大,而且分布不均匀,因而无法根据纸面上的数据进行分析。利用可视化技术可以从大量的地质勘探数据或测井数据中构造出感兴趣的等值面、等值线,显示其范围及走向,并用不同颜色显示出多种参数及其相互关系,从而使专业人员能对原始数据做出正确解释,得到矿藏是否存在、矿藏位置及储量大小等重要信息。这不仅可以指导打井作业、减少无效井位,节约资金,而且可以大大提高寻找油藏的效率,具有重大的经济效益及社会效益。

（3）气象预报

气象预报的准确性依赖于对大量数据的计算和对计算结果的分析。

一方面,科学计算可视化可将大量的数据转换为图像,在屏幕上显示出某一时刻的等压面、等温面、位涡、云层的位置及运动、暴雨区的位置及其强度、风力的大小及方向等,使预报人员能对未来的天气作出准确的分析和预测。另一方面,根据全球的气象监测数据和计算结果,可将不同时期全球的气温分布、气压分布、雨量分布及风力风向等以图像形式表示出来,从而对全球的气象情况及其变化趋势进行研究和预测。

(4) 分子模型构造

使用交互式图形生成技术来观察复杂的化学物质始于 20 世纪 60 年代。目前,它已经是学术界和工业界研究分子结构及其相互间作用的工具。科学计算可视化技术的发展将使分子模型构造技术进一步发生变化。过去被认为是复杂而昂贵的方法,现在已经是一种分析和设计分子结构的有效工具。例如,与超级计算机相结合构造诸如蛋白质和 DNA 等高度复杂的分子结构,在遗传工程的药物设计中使用三维彩色立体显示来改进已有药物的分子结构或设计新的药物等。

(5) 计算流体力学

飞机、汽车、船舶等的外形设计都必须考虑在气体、液体高速运动的环境中能否正常工作。过去的做法是:将所设计的飞机模型放在大型风洞里做流体动力学的物理模拟实验,然后根据实验结果修改设计。这种做法既浪费资金,又延长了设计周期。目前已实现了在计算机上建立飞机的几何模型,并进行流体动力学的模拟计算。这就是计算流体动力学(computational fluid dynamics,CFD)。为了理解和分析流体流动的模拟计算结果,必须利用可视化技术在屏幕上将结果数据动态地显示出来。例如,用多种不同方法表示出每一点的流速和流向,表示出涡流、冲击波、剪切层、尾流及湍流等。

(6) 有限元分析

有限元分析是 20 世纪 50 年代提出的适用于计算机处理的一种数值计算方法,它主要用于结构分析,是计算机辅助设计技术的基础之一。有限元分析在飞机设计、水坝建造、机械产品设计、建筑结构应力分析中得到了广泛应用。从数学的观点来看,有限元分析将研究对象剖分为若干个子单元,并在此基础上求出偏微分方程的近似解。应用可视化技术可实现形体的网格剖分及有限元分析结果数据的图形显示,即所谓有限元分析的前后处理,并根据分析结果,实现网格剖分的优化,使计算结果更加可靠和精确。

常见的用于科学可视化的工具有很多,如 Tableau、Raw、Infogram、Visualize. ly、iCharts、chart. js、Gephi 等,下面简要介绍 Tableau。

9.2.2　Tableau

（1）软件综述

Tableau 是目前全球最易于上手的报表分析工具,并且具备强大的统计分析扩展功能。它能够根据用户的业务需求对报表进行迁移和开发,从而业务分析人员可以界面拖拽的操作方式对业务数据进行联机分析处理、即时查询等。

Tableau 包括个人计算机所安装的桌面端软件 Desktop 和企业内部数据共享的服务器端 Server 两种形式,通过 Desktop 与 Server 配合实现报表从制作到发布共享、再到自动维护报表的过程。

Tableau Desktop 是一款桌面端分析工具。此工具支持现有主流的各种数据源类型,包括 Microsoft Office 文件、逗号分隔文本文件、Web 数据源、关系数据库和多维数据库。

Tableau 可以连接到一个或多个数据源,支持单数据源的多表连接和多数据源的数据融合,可以轻松地对多源数据进行整合分析而无须任何编码基础。连接数据源后只需用拖放或点击的方式就可快速地创建出交互、精美、智能的视图和仪表板。任何 Excel 用户甚至是零基础的用户都能很快、很轻松地使用 Tableau Desktop 直接面对数据进行分析,从而摆脱对开发人员的依赖。

Tableau Server 是一款基于 Web 平台的商业智能应用程序,可以通过用户权限和数据权限管理 Tableau Desktop 制作的仪表板,同时也可以发布和管理数据源。当业务人员用 Tableau Desktop 制作好仪表板后,可以把交互式仪表板发布到 Tableau Server。

Tableau Server 是基于浏览器的分析技术,其他查看报告的人员可以通过浏览器或者使用 iPad 或 Andriod 平板中免费的 APP 浏览、筛选、排序分析报告。

Tableau Server 支持数据的定时、自动更新,无须业务人员定期重复地制作报告。

Tableau Server 是 B/S 结构的商业智能平台,适用于任何规模的企业和部门。用户可以借助 Tableau Server 分享信息,实现在线互动,实时获取企业经营动态。

Tableau 支持人的天性,帮助没有 IT 基础的人将数据应用于视觉化思考。在创建视图时,视图之间流畅的转变顺应人的自然思路。使用者不用陷入编写脚本的泥潭,便可以快速地创建出美观且信息丰富的可视化图表。

　　Tableau 被众多 IT 测评机构描述为"一款颠覆传统的 BI 产品",它是一款替代运行缓慢而又死板的传统商务智能的极速 BI 软件。

　　Tableau Server 可帮助提升整个组织内的数据价值。在可信环境中自由探索数据,不受限于预定义的问题、向导或图表类型,推进业务进步。再不用担心自己的数据和分析是否受到管控,是否安全,是否准确。IT 组织青睐 Tableau,因为它部署轻松,集成稳定,扩展简单,可靠性高。

　　(2) 技术特点

　　① 支持主流数据库:Tableau 的初创合伙人是来自斯坦福的数据科学家,他们为了实现卓越的可视化数据获取与后期处理,并不是像普通数据分析类软件简单地调用和整合现行主流的关系型数据库,而是革命性地进行了大尺度的创新。

　　② 数据源多样性:安全连接到本地或云端的任何数据源,以实时连接或数据提取的形式发布和共享数据源,让每个人都可以使用客户的数据。兼容热门的企业数据源,如 Cloudera Hadoop、Oracle、AWS Redshift、多维数据集、Teradata、Microsoft SQL Server 等。借助我们的 Web 数据连接器和 API,还可以访问数百个其他数据源。

　　③ 易用性:Tableau 提供了一个非常新颖而易用的使用界面,使得处理规模巨大的、多维的数据时,也能即时地从不同角度和设置下看到数据所呈现出的规律。Tableau 通过数据可视化方面的技术,使得数据挖掘变得平民化。而其自动生成和展现出的图表,也丝毫不逊色于互联网美工编辑的水平。

　　④ 自助式开发:只需用拖放的方式就可快速地创建出交互、美观、智能的视图和仪表盘,快速创建出各种图表类型,如饼图、柱状图、条形图、气泡图、热力图、瀑布图、突出表、折线图、散点图、交叉表等。Tableau 拥有自动推荐图形的功能,即用户只要选择好字段,软件会自动推荐一种图形来展示这些字段;图表可以在仪表盘中自由摆放,形成图文结合的视图。这些视图可以是一表多图、一图多表、多表多图的表现形式。同时,Tableau 还支持图表的动态播放功能,内置地图、计算公式、函数以及下钻穿透功能。用户可以自主创建图表。Tableau Server 可以提供适合每种用户的功能,让组织中的每个人都能够查看和理解数据。这其中既有希望使用已发布仪表板进行数据驱动型决策的非固定用户,也有希望使用Web 制作功能来根据已发布数据源提出新问题的数据爱好者,甚至还有希望创建自己的可视化和数据源并与组织中其他成员共享这些内容的数据行家。

⑤ 灵活性：灵活的部署适用于各种企业环境，支持门户、iPad 和各种浏览器，用 Tableau Desktop 可以将分析结果发布到 Tableau Server 上与同事进行交流和分享。同事也可以以极快的速度用浏览器和移动终端来处理业务人员所分享的数据源和分析结果，如各种版本的浏览器、Android 或 IOS 系统的平板及移动手机。无论是将数据存放在本地还是云端，Tableau Server 都能让客户灵活集成到现有的数据基础架构中。在本地的 Windows 或 Linux 系统上安装 Tableau Server，可在防火墙保护下实现最佳控制。借助 AWS、Azure 或 Google Cloud Platform 实现公有云部署，从而利用现有云端投资。

⑥ 实时性：业务人员在仪表盘的界面模式固定好后，若数据源中的数据有增加、删减、修改等情况，可通过客户端和 Server 对数据进行更新，仪表盘在每次打开后可以自动实时刷新界面以展示变动后的最新数据。

⑦ 快速集成：客户可以将 Tableau Server 中的交互式视图嵌入网页、博客、WiKi、Web 应用程序和 Intranet 门户中。嵌入式视图会随着基础数据的变化或工作簿在服务器上的更新而更新。嵌入的视图遵守服务器上使用的相同许可和权限限制。客户可以将分析技术部署到员工、客户、合作伙伴和供应商需要的地方，在现有的商业门户中嵌入交互式仪表板，包括 Salesforce、SharePoint 和 Jive 等应用程序。

⑧ 大数据：Tableau 支持海量数据，在普通硬件条件下，百万级数据响应时间为秒级。

（3）有效管控

集中管理所有元数据和安全规则，为用户提供精心整理的共享数据源，了解使用情况以优化环境，恰当平衡用户灵活性和掌控力。

无论使用的是 Active Directory、Kerberos、OAuth，还是其他标准，Tableau 都可与客户的现有安全协议无缝集成，管理用户级别和组级别的身份验证，采用传递式数据连接权限和行级筛选，维护数据库的安全，利用多租户选项和细粒度的权限控制，保证用户和内容的安全。

Tableau 是一个现代企业分析平台，可在管控之下提供大规模自助式分析功能。安全性是数据和内容管控策略的重中之重。Tableau Server 提供全面的功能和深入的集成，帮助应对企业安全的方方面面。Tableau 可帮助组织为所有用户提供受信任的数据源，以便他们使用适当数据快速做出正确决策。随着单一集中 EDW 的前景日益衰落，以及云技术推动下数据量的持续加速增长，在所有不同平台之间实现一致的安全性对企业至关重要。

身份验证：Tableau Server 支持行业标准身份验证，包括 Active

Directory、Kerberos、OpenId Connect、SAML、受信任票证和证书。Tableau Server 还具备自己的内置用户身份服务"本地身份验证"。Tableau Server 会为系统中的每位指定用户创建并维护一个账户,该账户在多个会话间保留,实现一致的个人化体验。此外,作者和发布者可在其发布的视图中使用服务器范围的身份信息,以控制其他用户可以查看和下载哪些数据。

授权:Tableau Server 角色和权限为管理员提供细化控制,以便控制用户可以访问哪些数据、内容和对象,以及用户或群组可对该内容执行什么操作。客户还可以控制谁能添加注释,谁能保存工作簿,谁能连接到特定数据源。凭借群组权限,客户可以一次性管理多名用户,也可在工作簿中处理用户和群组角色,以便筛选和控制仪表板中的数据。这意味着,客户只需为所有区域、客户或团队维护单个仪表板,而每个区域、客户或团队只会看到各自的数据。

数据安全:无论是银行、学校、医院还是政府机构,都承担不起因丧失数据资产控制权而带来的风险。Tableau 提供了许多选项来帮助客户实现安全目标。客户可以选择仅基于数据库身份验证来实现安全性,或者仅在 Tableau 中实现安全性,还可以选择混合安全模型,其中 Tableau Server 内的用户信息对应于基础数据库中的数据元素。Tableau Online 加强了现有的数据安全策略,并符合 SOX、SOC 和 ISAE 行业合规标准。

网络安全:网络安全设备有助于防止不受信任的网络和 Internet 访问客户的 Tableau Server 本地部署。当对 Tableau Server 的访问不受限制时,传输安全性就变得更为重要。Tableau Server 使用 SSL/TLS 的强大安全功能,对从客户端到 Tableau Server,还有从 Tableau Server 到数据库的传输进行加密。Tableau 可帮助客户保护来自外部的数据、用户和内容。

（4）其他特性

① 监视与管理:Tableau 平台易于部署、扩展和监视。轻松跟踪和管理内容、用户、许可证和性能。快速管理数据源和内容的权限,直观监视使用情况。随时可以进行纵向、横向扩展。

② 可靠性:先进的高可用性、稳健的故障转移和快速的灾难恢复,就是全球各大公司选择使用 Tableau 进行企业分析的原因。正确选择能够实现企业 SLA 的冗余量。

③ 可扩展性:根据当前需求调整分析规模,然后随着用量的增长轻松进行横向或纵向扩展。Tableau 架构可以在不停机的情况下实现无缝扩展。轻松转换到更新的硬件或添加更多节点,以增加冗余量和容量。

（5）以合并导入数据源简介

打开 Tableau Desktop 后首先看到的是开始页，如图 9.3 所示。在此处选择要使用的连接器（将如何连接到数据）。

Tableau 的讲解

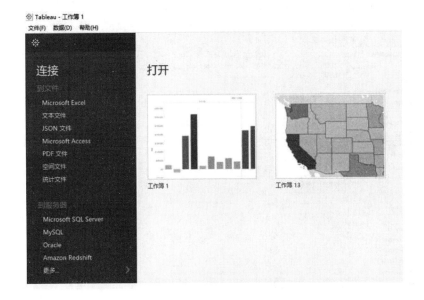

图 9.3　Tableau 开始页

开始页提供了多个可从中进行选择的选项。

单击任何页面左上角的 Tableau 图标，可以在开始页面和创作工作区之间切换。

在"连接"下面，可以：

- 连接到存储在文件（如 Microsoft Excel、PDF、空间文件等）中的数据；
- 连接到存储在服务器（如 Tableau Server、Microsoft SQL Server、Google Analytics 等）上的数据；
- 连接到之前已连接到的数据源。

Tableau 支持连接到存储在各个地方的各种数据的功能。"连接"窗格列出了用户可能想要连接到的最常见地方，或者单击"更多"链接以查看更多选项。在学习资料库中有连接到数据源的更多信息（在顶部菜单中）。

在"打开"下面，可以打开已经创建的工作簿。

在"示例工作簿"下面，查看 Tableau Desktop 附带的示例仪表板和工作簿。

在"发现"下面，查找其他资源，如视频教程、论坛或"本周 Viz"，以了解可以生成的内容。

在"连接"窗格中的"已保存数据源"下,单击以连接到示例数据集。屏幕将如图9.4所示。

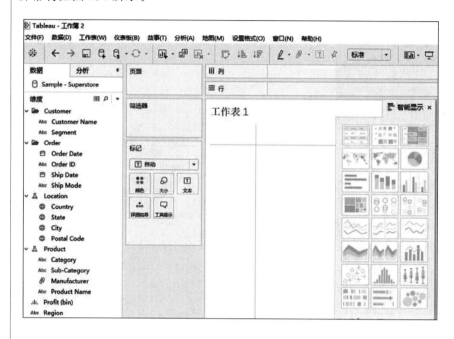

图9.4　Tableau主页面

Tableau附带"Sample-Superstore"数据集。它包含有关产品、销售额、利润等信息,可以使用这些信息确定此虚构公司内部需要改进的重要方面。

9.3　信息可视化软件与工具

9.3.1　概述

各种各样数据结构的可视化需要新的用户界面以及可视化技术方法。现在,这已经发展成为一门独立的学科,也就是"信息可视化"。信息可视化与经典的科学可视化是两个彼此相关的领域,但二者却有所不同。在信息可视化当中,所要可视化的数据并不是某些数学模型的结果或者是大型数据集,而是具有自身内在固有结构的抽象数据。

信息可视化(information visualization)是一个跨学科领域,旨在研究大规模非数值型信息资源的视觉呈现(如软件系统之中众多的文件或者一行行的程序代码)。通过利用图形图像方面的技术与方法,帮助人们理解和分析数据。与科学可视化相比,信息可视化侧重于抽象数据集,如非结构化文本或者高维空间当中的点。信息可视化致力于创建那些以直观方式传达抽象信息的手段和方法。可视化的表达形式与交互技术则是利用人类眼睛通往心灵深处的广阔带宽优势,使得用户能够目睹、探索以至立即理解大量的信息。

此类数据的例子包括:

(1) 编译器等各种程序的内部数据结构,或者大规模并行程序的踪迹信息;

(2) WWW 网站内容;

(3) 操作系统文件空间;

(4) 从各种数据库查询引擎返回的数据,如数字图书馆。

信息可视化领域的另一个特点是,所要采用的那些工具有意侧重于广泛可及的环境,如普通工作站、WWW、PC 等。这些信息可视化工具并不是为价格昂贵的专业化高端计算设备定制的。

信息可视化与可视化分析在目标和技术之间存在着部分重叠。虽然在这两个领域之间还没有一个清晰的边界,但大致有三个方面可以区分。科技可视化主要处理具有地理结构的数据,信息可视化主要处理树、图形等抽象式的数据结构,可视化分析则主要挖掘数据背景的问题与原因。

就目标和技术方法而言,信息可视化与可视化分析论之间存在着一些重叠。当前,关于科学可视化、信息可视化及可视化分析论之间的边界问题,还没有达成明确清晰的共识。不过,大体上来说,这三个领域之间存在如下区别:

(1) 科学可视化处理的是那些具有天然几何结构的数据(如 MRI 数据、气流);

(2) 信息可视化处理的是抽象数据结构(如树状结构或图形);

(3) 可视化分析论尤其关注的是意会和推理。

9.3.2　信息可视化工具与编程支持

信息可视化是进行各种大数据分析解决的最重要组成部分之一。一旦原始数据流被以图像形式表现时,以此做决策就变得容易很多。为了满足并超越客户的期望,信息可视化工具应该具备如下特征:

- 能够处理不同种类型的传入数据;
- 能够应用不同种类的过滤器来调整结果;

- 能够在分析过程中与数据集进行交互；
- 能够连接到其他软件来接收输入数据，或为其他软件提供输入数据；
- 能够为用户提供协作选项。

尽管实际上存在着无数专门用于信息可视化的工具，且它们都是既开源又专有的，在这其中还是有一些工具表现比较突出，因为它们提供了上述所有或者很多功能。

1. Jupyter

如果说有什么每个数据科学家都应该使用或必须了解的工具，那非Jupyter Notebooks 莫属了（之前也被称为 iPython 笔记本）。Jupyter Notebooks 很强大，功能多，可共享，并且提供了在同一环境中执行数据可视化的功能。

Jupyter Notebooks 允许数据科学家创建和共享他们的文档，从代码到全面的报告都可以。它们能帮助数据科学家简化工作流程，实现更高的生产力和更便捷的协作。因此，Jupyter Notebooks 成了数据科学家最常用的工具之一。

Jupyter 是一个开源项目，具体界面如图 9.5 所示，通过十多种编程语言实现大数据分析、可视化和软件开发的实时协作。它的界面包含代码输入窗口，并通过运行输入的代码以基于所选择的可视化技术提供视觉可读的图像。

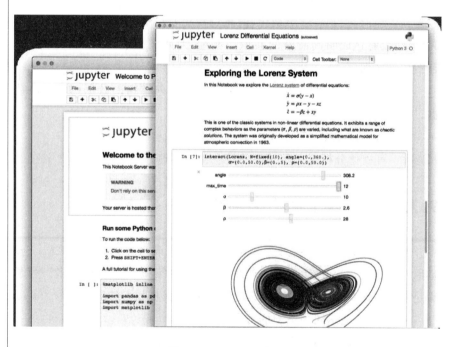

图 9.5　Jupyter 示意图

但是,以上提到的功能仅仅是冰山一角。Jupyter Notebooks 可以在团队中共享,以实现内部协作,并促进团队共同合作进行数据分析。团队可以将 Jupyter Notebooks 上传到 GitHub 或 Gitlab,以便能共同合作影响结果。团队可以使用 Kubernetes 将 Jupyter Notebooks 包含在 Docker 容器中,也可以在任何其他使用 Jupyter 的机器上运行 Notebooks。在最初使用 Python 和 R 时,Jupyter Notebooks 正在积极地引入 Java、Go、C♯、Ruby 等其他编程语言编码的内核。

除此以外,Jupyter 还能够与 Spark 这样的多框架进行交互,这使得对从具有不同输入源的程序收集的大量密集的数据进行数据处理时,Jupyter 能够提供一个全能的解决方案。

2. 海致 BDP

海致 BDP 为企业提供一站式的大数据分析平台(如图 9.6、图 9.7 所示),帮助企业高效率、低成本地建立数据应用体系,具有灵活、易用、高性能和一站式的特性。

图 9.6　海致 BDP 行业应用示意图

海致 BDP 帮助企业快速完成多数据整合,建立统一数据口径,支持自助式数据准备(ETL),提供灵活、易用、高效可视化探索式分析能力,帮助企业构建贴合自身业务的数据洞察,并将数据决策快速覆盖各层员工及应用场景。BDP 提供灵活、易用、高性能的可视化分析能力,让用户快速洞察市场规律,及时发现业务盲点,同时提供几十种可视化展示效果,可以轻松实现数据清洗、整合、加载,迅速准备好所需的数据,并支持链接不同类型的数据。

图 9.7　海致 BDP 示意图

3. GraphViz

GraphViz(graph visualization softwate)是 AT&T 实验室开发的开源工具包,用于绘制 DOT 语言脚本描述的图形,支持 Windows、Linux 以及 macOS 多个平台。它使用一个特定的 DSL(领域特定语言):dot 作为脚本语言,并使用布局引擎解析此脚本,提供自动布局算法。GraphViz 提供了丰富的导出格式,如常用的图片格式 SVG、PDF 等,支持将结果输出整合到文本、网页和应用程序。

GraphViz 的基本图元是节点和边,允许用户在 dot 脚本中定义节点和边的各自属性,如形状、颜色、填充模式、字体、样式等,并采用合适的布局算法进行布局。GraphViz 提供了众多的布局算法,图 9.8 和图 9.9 展示了两种典型的 GraphViz 图样。

4. Vis5D

如图 9.10 所示的 Vis5D 是美国威斯康星大学空间科学与工程中心开发的可运行于多种工作平台、数值预报模式的产品数据可视化软件。Vis5D 具备强大的三维图形处理能力,同时提供全部源代码,允许用户修改和扩充 Vis5D 的函数和物理量,或编程调用 Vis5D 提供的 API 函数,使用户拥有更大的自由度和灵活性。除可以完成传统的气象数据分析功能及二维剖面数据分析外,还支持同步动画显示各个水平(垂直)剖面图,自定义与探针相关的物理量,支持自定义地形图数据、地图数据和自定义格式的网格数据等。

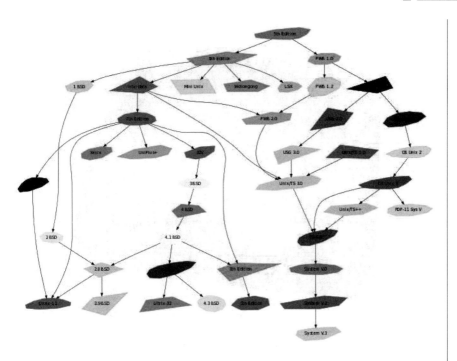

图 9.8　GraphViz 示意图 1

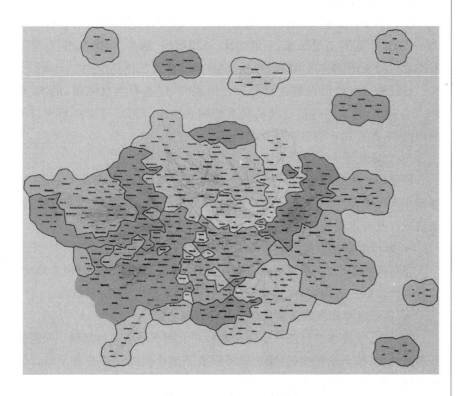

图 9.9　GraphViz 示意图 2

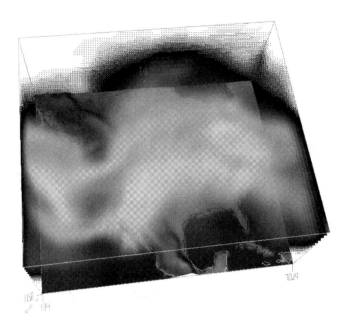

图 9.10　Vis5D 示意图

5. Google Earth

Google Earth 是 Google 公司开发的一款虚拟地球仪软件。Google Earth 提供了查看卫星图像、三维建筑、三维数据、地形、街景视图、行星等不同数据的视图,支持计算机、手机、浏览器等多终端浏览应用。

谷歌地球可让用户前往世界上任何地方,以查看卫星图像、地图、地形、3D 建筑物,来自外层空间的星系的峡谷海洋。用户可以探索丰富的地理内容,保存用户的参观场所和与其他人分享。

- 全球各地的历史影像

如果用户很好奇自己周围一直以来发生了哪些变化,那么 Google 地球现在就可以带用户回到过去。只需点击一下,即可观察到城郊扩建、冰盖消融以及海岸侵蚀等变迁。

- 海洋专家提供的海底和海平面数据

在新的海洋层,用户可以一直沉入海底,查看来自 BBC 和"国家地理"等合作伙伴的独家内容,并可探究泰坦尼克号等 3D 沉船的残骸。

- 具有音频和视频录制功能的简化游览功能

在 Google 地球中可进一步标注地标并录制不限形式的旅程。只需打开游览功能,按下录制按钮,用户就可以看到整个世界。用户甚至可以添加背景音乐或画外音,使旅程更具个性。

Google Earth 将取代现有的桌面搜索软件。它可以在虚拟世界中如同一只雄鹰在大峡谷中自由飞翔,登陆峡谷顶峰,潜入峡谷深渊。Google

Earth 采用的 3D 地图定位技术能够把 Google Map 上的最新卫星图片推向一个新水平。用户可以在 3D 地图上搜索特定区域,放大或缩小虚拟图片,然后形成行车指南。此外,Google Earth 还精心制作了一个特别选项——鸟瞰旅途,让驾车人士的活力油然而生。Google Earth 主要通过访问 Keyhole 的航天和卫星图片扩展数据库来实现上述功能。该数据库更新后,含有美国宇航局提供的大量地形数据,未来还将覆盖更多的地形,涉及田园、荒地等。

9.4　可视分析软件与开发工具

9.4.1　入门工具和网络数据可视化

对于可视化工具而言,最基本的工具包括常用的数据分析工具 Excel 和对于一些网络数据可视化的类库等。

1. Excel

Excel 的图形化功能并不强大,但是 Excel 是分析数据的理想工具,也能创建供内部使用的数据图,但是 Excel 在颜色/线条和样式上可选择的范围有限,这也意味着用 Excel 很难制作出能够符合专业出版和网站需要的数据图,但是作为一个高效的内部沟通工具,Excel 应当是百宝箱中的必备工具。

(1) 函数公式——直观星级评价

在人力资源管理或供应商管理的绩效评价中,常常用到星级评价。直观显示星级效果,推荐使用 REPT 函数,能够按照给定的次数重复显示文本,如图 9.11 所示。

REPT 函数的语法结构如下:

= REPT (重复文本,重复次数)

	A	B	C	D
1	姓名	等级	星级评价1	星级评价2
2	王卫平	5	★★★★★	★★★★★
3	张晓寰	4	★★★★	★★★★☆
4	杨宝春	3	★★★	★★★☆☆
5	林海	4	★★★★	★★★★☆
6	刘学燕	3	★★★	★★★☆☆

图 9.11　函数显示星级评价

单元格 C2 用实心五角星"★"显示等级,在 C2 中输入公式:

= REPT("★",B2)

单元格 D2 用实心五角星"★"和空心五角星"☆"显示等级,在 D2 中输入公式:

= REPT("★",B2)&REPT("☆",5-B2)

(2) 条件格式——目标达成可视化

Excel 有个能根据数据大小而变化单元格颜色的工具,叫条件格式,可以称它为 Excel 数据的"火眼金睛"。因为工作中常用这个工具对数据做格式提醒功能,用公式和条件格式结合可以实现预警功能。

年底常要体现年初制定目标或预算的完成情况,可以用数据条来实现,销售金额目标达成可视化如图 9.12 所示。

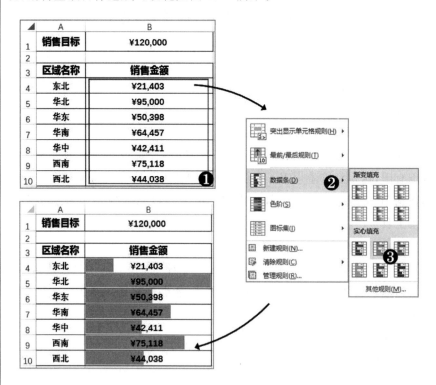

图 9.12　销售金额目标达成可视化

(3) 迷你图——趋势变化更清晰

Excel 迷你图功能已推出多年了,但了解这项功能的人还是很少。Excel 迷你图可快速解决多项任务,例如通过对上半年业务数据分析来了解业务趋势。

迷你图可以在单元格中用图表的方式来呈现数据的变化情况,共有三种类型,分别是折线图、柱形图和盈亏图。如图 9.13 所示,其中折线图和柱形图可以显示数据的高低变化，盈亏图只显示正负关系，不显示数据的高低变化。

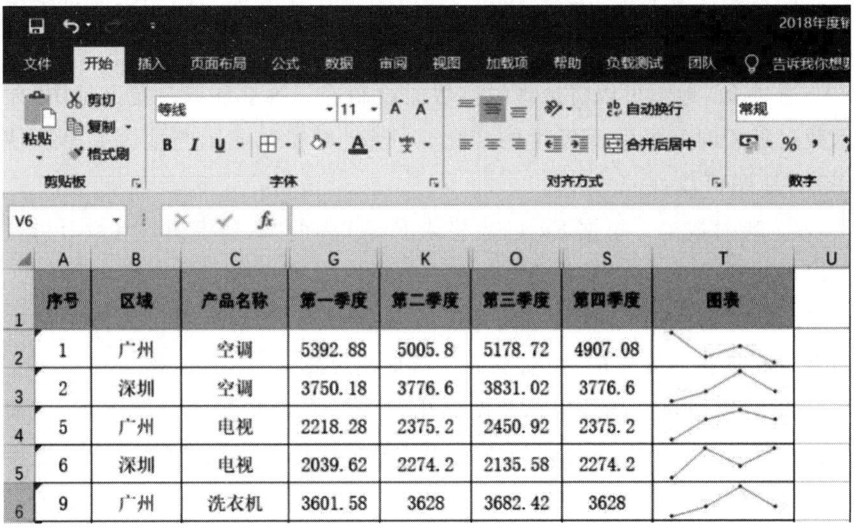

序号	区域	产品名称	第一季度	第二季度	第三季度	第四季度	图表
1	广州	空调	5392.88	5005.8	5178.72	4907.08	
2	深圳	空调	3750.18	3776.6	3831.02	3776.6	
5	广州	电视	2218.28	2375.2	2450.92	2375.2	
6	深圳	电视	2039.62	2274.2	2135.58	2274.2	
9	广州	洗衣机	3601.58	3628	3682.42	3628	

图 9.13 盈亏曲线迷你图

(4) 动态透视图——多维度汇总

我们在创建数据透视表时，总是根据现有数据表(称为数据源)而设置，当数据源表发生改变时，一般希望数据透视表随之发生改变，这种数据透视表我们就称之为动态的数据透视表，如图 9.14 所示。

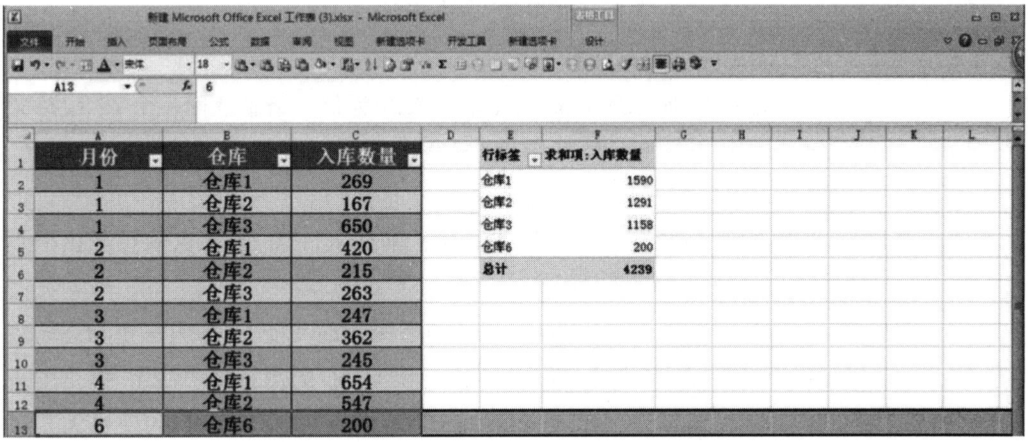

月份	仓库	入库数量
1	仓库1	269
1	仓库2	167
1	仓库3	650
2	仓库1	420
2	仓库2	215
2	仓库3	263
3	仓库1	247
3	仓库2	362
3	仓库3	245
4	仓库1	654
4	仓库2	547
6	仓库6	200

行标签	求和项:入库数量
仓库1	1590
仓库2	1291
仓库3	1158
仓库6	200
总计	4239

图 9.14 入库数量动态透视图

数据透视表从 Excel 2010 开始增加了切片器功能，从 Excel 2013 开始增加了日程表功能。切片器和日程表都可以更快速直观地实现对数据的筛选操作。

（5）三维地图——分区域动态呈现

Microsoft 3D Maps for Excel 是一款三维（3D）数据可视化工具。它是一种查看信息的新方式。使用 3D 地图可让你发现一些无法通过传统的二维（2D）表格和图表得出的见解。

通过 3D 地图可以将地理时空数据绘制成三维地球或自定义地图，显示数据随着时间推移而发生的变化，并创建可视化演示与他人共享。使用 3D 地图可以：

① 映射数据。根据 Excel 表格或 Excel 中的"数据模型"，将数万行数据以可视化方式以三维格式绘制在必应地图上。

② 激发灵感。以地理空间角度查看数据，并了解带有时间戳的数据随着时间推移而发生的变化，从而获得新的灵感。

③ 分享故事。捕获屏幕截图并生成影视化的指导式视频演示，可与他人广泛分享，以前所未有的方式吸引观众；或者可以将演示导出为视频，并以同样方式进行共享。

可以在 Excel 功能区的"插入"选项卡上的"演示"组中找到"三维地图"按钮，如图 9.15 所示。

图 9.15 3D 地图演示按钮

2. Google Chart API

如图 9.16 所示的 Google Chart API 为每个请求返回一个 PNG 格式图片。目前提供如下类型图表：折线图、柱状图、饼图、维恩图、散点图。用户可以设定图表尺寸、颜色和图例。

用户可以在网页中使用＜img＞元素插入图表，当浏览器打开该网页时，Chart API 提供即时图表。

Google Chart API 工具取消了静态图片的功能，目前只提供动态图表工具。能够在所有支持 SVG\Canvas 和 VML 的浏览器中使用，但是图表在客户端生成，那些不支持 Javascript 的设备将无法使用，此外也无法离线使用或者将结果另存为其他格式。尽管存在上述问题，不可否认的是 Google Chart API 的功能异常丰富。Google 目前在 map 方面开放的 API 有好几个，可以根据不同的需求进行使用，如 Directions API、Distance Matrix API、Elevation API、Geocoding API、Geolocation API、Time Zone API、Roads API、Places API。

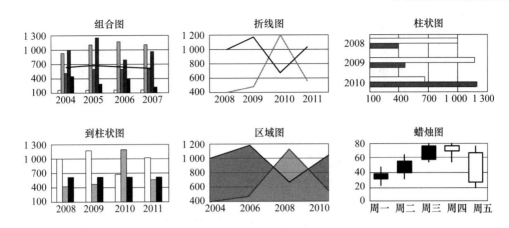

图 9.16　Google Chart API 生成图像示例

　　一个使用 Directions API 来根据经纬度从 API 获取地图上两个节点开车所需的时间和距离,并且做出图表,查看开车时间以及距离各自所占比重的生成可视化图表如图 9.17 所示。

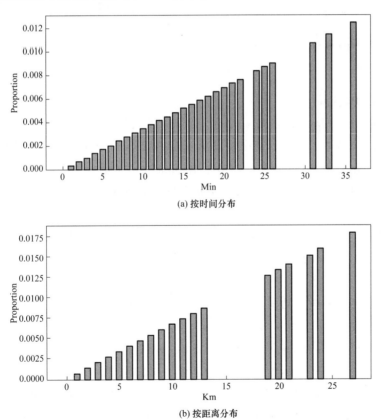

(a) 按时间分布

(b) 按距离分布

图 9.17　按时间和距离分布比重示意图

3. Flot

Flot 是一个 jQuery 绘图库,主要用于简单的绘制图表功能,具有吸引人的渲染外观和互操作的特性。其在 Internet Explorer 6+、Chrome、Firefox 2+、Safari 3+ 和 Opera 9.5+浏览器下工作正常。目前的版本是 Version 0.8.3。

使用 Flot 的步骤包括添加所需要的脚本,加入 placeholder,设置数据,设定实时更新等步骤。一个使用 Flot 生成的正弦曲线和余弦曲线的可视化图表如图 9.18 所示。

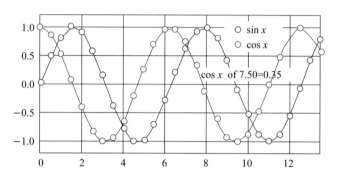

图 9.18 Flot 正弦余弦曲线

4. Raphael

Raphael Javascript 是一个 Javascript 的矢量库。

2010 年 6 月 15 日,著名的 Javascript 库 ExtJS 与触摸屏代码库项目 jQTouch,以及 SVG、VML 处理库 Raphael 合并,形成新的库 Sencha,主要应对 HTML5 等新趋势,加强丰富图形和触摸屏功能的重要举措。

Raphael Javascript 的创始人 Dmitry Baranovskiy 也加入 ExtJS。ExtJS 是一个强大的 Javascript 框架,它重组件化,很容易做出强大的、可媲美客户端的界面(这个框架是收费的,所以国内用的人比 jQuery 少多了)。

jQTouch 是 jQuery 的一个插件,主要用于在手机上的 Webkit 浏览器上实现一些包括动画、列表导航、默认应用样式等各种常见 UI 效果的 Javascript 库。

Raphael Javascript 可以处理 SVG、VML 格式的矢量图。它使用 SVG W3C 推荐标准和 VML 作为创建图形的基础,可以用 Javascript 操作 Dom,从而很容易地创建出复杂的柱状图、走势图、曲线图等各种图表,可以画图,可以画出任意复杂度的图像,以及图表或图像裁剪和旋转等复杂操作。

同时它是跨浏览器的,完全支持 Internet Explorer 6.0+。Raphael Javascript 目前支持的浏览器有:Firefox 3.0+、Chrome 3.0+、Safari 3.0+、

Opera 9.5+、Internet Explorer 6.0+。

　　Raphael 提供了图形绘制的基本元素：形状、图片和文本。图形有预定义的矩形、圆形、椭圆以及组合图形等。图形和文本是可以填充的。边框的填充只能是单色但是可以修改。填充可以是线性的也可以是渐变的。

　　使用 Raphael 绘制一个基本图形的步骤包括创建绘制环境（画布）、创建画布坐标系（用于使用坐标系定位绘制元素）、绘制基本图形等，如图 9.19 所示。

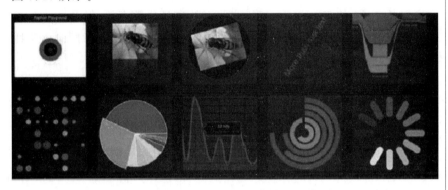

图 9.19　Raphael 图像示例

5. D3

　　如图 9.20 所示的 D3(data driven documents)是支持 SVG 渲染的另一种 Javascript 库。但是 D3 能够提供大量线性图和条形图之外的复杂图表样式，如 Voronoi 图、树形图、圆形集群和单词云等。

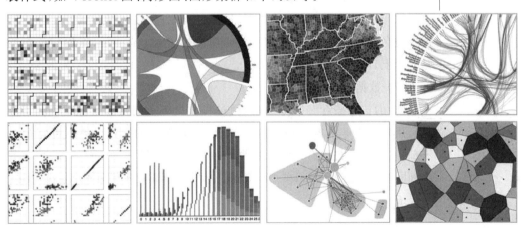

图 9.20　D3 图像示例

　　D3 由斯坦福可视化小组提出，论文发表在 2011 的 IEEE infoVis 上，项目主页：http://d3js.org/。D3 工作是基于该小组另一个工作 ProtoVis

的改进,D3 更改了对 DOM 操作的方式,提高了渲染效率,更重要的是 D3 融入到了整个 Web 开发体系中,使得学习调试变得容易。

现在已经有非常多的基于 Web 的可视化工具,其中有非常著名的 Raphaël、processing 等。但是随着需求的提高,这些工具还是存在一些问题。在这些工具中,有些进行了高层次抽象,为了提高可视化效率,这些工具对 DOM 进行了封装,优化了工作流程,虽然提高了效率,但是增加了学习和调试的难度,更重要的是:一些封装降低了表达的多样性,一些本来可以通过底层展示的效果由于封装而变得难以实现;另一些工具是非常底层的工具,如 Processing 等,这些工具自身非常高效,但是这些工具使用直接渲染的方式,不能与其他工具(如 CSS 等)共同协作,同时由于抽象层次低,使用起来非常烦琐。

针对以往的可视化工具存在的问题,D3 提出了三个设计目标:

- 兼容性:工具不能是一个孤岛,而应该是存在于 Web 生态圈之中,可以使用其他的工具,不能由于封装而限制工具的表达多样性。
- 可调试:新工具需要易于学习和开发,让开发者能对错误代码方便地调试。
- 性能:新工具要在交互性和动画上有很好的性能。

所以,D3 被设计成基于数据绑定的直接对 DOM 文档进行修改的可视化工具,D3 本身关注转换(transformation),而不是表达(representation)。D3 大致包含四个部分:选择器、数据捆绑、交互与动画和常用模块。

(1)选择器

D3 采用了 W3C 标准选择器 API,("tag")直接选择元素,(". class")通过类名选择元素等。D3 将 DOM 操作封装成 operator,施加到任意选择元素上,同时 D3 支持链式表达。

(2)数据绑定

D3 的核心概念是数据驱动,通过将数据绑定到元素上(如图 9.21 所示),用户可以非常容易地进行添加、修改和删除的操作。数据绑定分为三部分:①没有与已有元素上数据相同的数据会进入 enter( )区;②与数据相同的元素进入 update( )区;③剩下没有数据的已有元素进入 exit( )区。

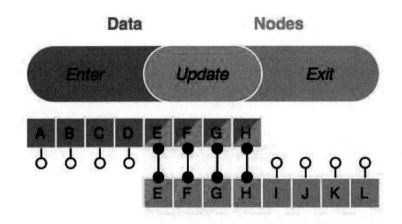

图 9.21　D3 数据绑定示意图

（3）交互与动画

D3 通过支持事件来响应用户的操作，可以在 D3 的 on( )操作符中指定监听的事件类型和响应操作。同时 D3 包含 transtion( )操作符支持动画效果，用户可以指定特定的动画效果，也可以使用一些标准的动画效果。

（4）常用模块

D3 的设计者们没有完全抛弃 ProtoVis，而是进行了去粗取精，通过用户对 ProtoVis 的反馈，D3 保留了 ProtoVis 一些实用的功能，通过添加 Scale、Layout、Geo 等模块让开发者开发起来更加容易。

6．Visual. ly

如果需要制作信息图而不仅仅是数据可视化，Visual. ly 是最流行的一个选择。虽然 Visual. ly 的主要定位是"信息图设计师的在线集市"，但是也提供了大量的信息模板。

Visual. ly 这家网站以丰富的信息图资源而著称，很多用户乐意把自己制作的信息图上传到网站中与他人分享。最近网站不再局限于一个信息图分享平台的角色，它还将帮助人们制作信息图，在美国 SXSW 音乐节上 Visual. ly 公布了这则消息。

用 Visual. ly 制作信息图并不复杂，它是一个自动化工具。网站的联合创始人兼 CEO Stew Langille 称，他们打造了一个平台，让人快速而简易地插入不同种类的数据，并通过图形把数据表达出来。

用户只要注册了 Visual. ly，并登录 http：//create. visual. ly/便可以尝试制作自己的信息图。

Visual. ly 把其中一个利用 Twitter 数据，制作信息图的功能称为 Twitter Showdown。它能够对比不同 Twitter 账号的情况，包括

Follower 人数多寡、被@的次数、发推的习惯时间、Follower 的地域分布情况，如图 9.22 所示。

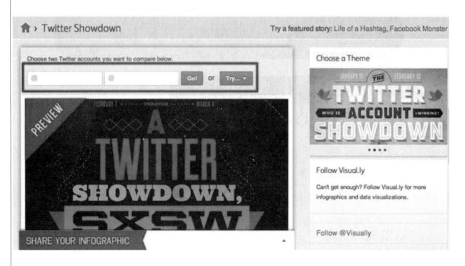

图 9.22　Visual.ly 选择生成 Twitter 数据

　　Facebook Insider 是 Visual.ly 利用 Facebook 制作信息图的功能。它能够以图形化的方式展现 Facebook 专页的数据，比如粉丝数量、粉丝性别比例、年龄比例、来自何方、有多少人看过专页并转发过里面的故事等，如图 9.23 所示。

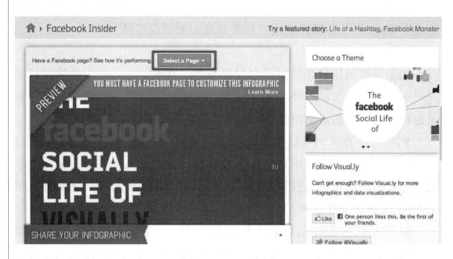

图 9.23　Visual.ly 选择生成信息图

　　由于 Hashtag 已经成为社交网络中常见的一种聚合话题的形式，因此 Visual.ly 也提供了利用 Hashtag 进行数据挖掘的功能：Life of a Hashtag。只要再输入一个特定的 Hashtag，Visual.ly 就会把和这个标签有关的情况制作成信息图展现出来,如图 9.24 所示。

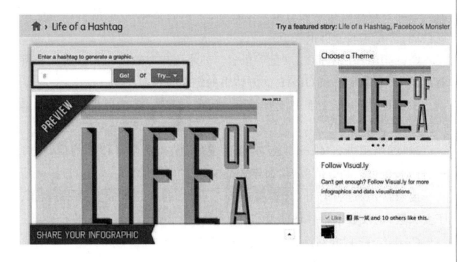

图 9.24　Visual.ly 选择生成 Hashtag

　　Visual.ly 的思路是抓住每个数据来源的特性,从而制作相对应的信息图模板,最终实现自动化制图这个功能。因此目前这种限定数据来源的做法具有一定的合理性。例如,Twitter 和 Facebook,两个服务的数据侧重点并不相同,如果采用一个通用的模板去生成信息图,那么数据一定会有偏颇。

　　信息图以直观明了的方式,让人能够感受到数据背后的含义,然而制作信息图在目前来说并不容易,Visual.ly 发布的自动化制图工具正好对应了这种需求。

9.4.2　互动图形界面

　　如果数据可视化的互动性强大到可以作为互动图形界面(GUI)会怎么样?随着在线数据可视化的发展,按钮、下拉列表和滑块都在进化为更加复杂的界面元素,加入能够调整数据范围的互动图形元素,推拉这些图形元素时输入参数和输出结果都会同步改变,在这种情况下,图形控制和内容已经合为一体。以下这些工具能够实现这些功能。

1. Crossfilter

　　当为了方便客户浏览数据开发出更加复杂的工具时,我们已经能够创建出既是图表又是互动图形用户界面的小程序,Javascript 库的 Crossfilter 就是这样的工具。

　　Crossfilter 是一个 Javascript 类库,能够在浏览器端对大量数据进行多维分析。它的特点是可以在不同的 Group By 查询之间实现"交叉过滤",自动连接和更新查询结果。结合 dc.js 图表类库,我们就可以构建出高性能、交互式的分析报表了。

Crossfilter 中有维度、度量等概念。如果用户对数据仓库或统计分析有所了解,这些术语和 OLAP 立方体中的定义是相似的。

数据集:即一张二维表,包含行和列,在 Javascript 中通常是由对象组成的数组。

维度:用于进行 Group By 操作的字段,它通常是可枚举的值,如日期、性别,也可以是数值范围,如年龄范围等。

度量:可以进行合计、计算标准差等操作,通常是数值型的,如收入、子女人数;记录数也是一种度量。

Crossfilter 官方网站提供的示例,基于 ASA Data Expo 数据集的航班延误统计。下面我们将介绍如何用 dc.js 来实现这份交互式报表。项目源码可以在 JSFiddle 中浏览,演示的数据量减少到 1 000 条,如图 9.25 所示。

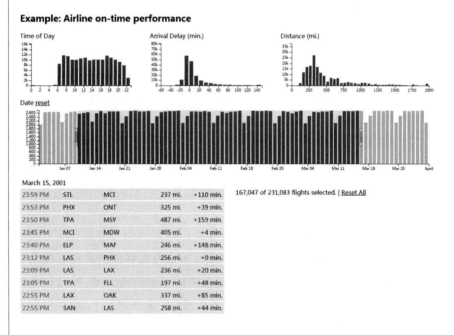

图 9.25　Crossfilter 生成的航空延误统计图

2. Tangle

Tangle 是一个用于创建交互式被动文档的 js 库。用户可以交互式地探索可能性,使用参数进行自定义的定制。

Tangle 进一步模糊了内容与控制之间的界限。在图 9.26 这个应用实例中，Tangle 生成了一个负载的互动方程，用户可以调整输入值获得相应数据。

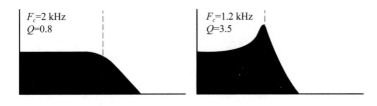

图 9.26　Tangle 公式可视化展示效果

9.4.3　地图工具

地图生成是 Web 上最困难的任务之一。Google Maps 的出现完全颠覆了过去人们对在线地图功能的认识。而 Google 发布的 Maps API 则让所有的开发者都能在自己的网站中植入地图功能。

近年来，在线地图的市场成熟了很多，如果需要在数据可视化项目中植入定制化的地图方案，目前市场上已经有很多选择，但是知道在何时选择何种地图方案则成了一个很关键的业务决策。地图方案看上去功能都很强大，但是切记："有了一把锤子，看什么都像钉子。"

1. Modest Maps

顾名思义，Modest Maps 是一个很小的地图库，只有 10KB 大小，是目前最小的可用地图库。这似乎意味着 Modest Maps 只提供一些基本的地图功能，但是不要被这一点迷惑了。在一些扩展库的配合下，Modest Maps 立刻会变成一个强大的地图工具。

Modest Maps 是一套基于 AS 3.0(ActionScript 2.0 与 ActionScript 3.0) Script 与 Python 脚本开发出来的一套类库，是遵循 BSD 许可协议（参见 Unix 知识）在 Falsh 里进行地图显示与用户交互的，如图 9.27 所示。

开发本类库的目的是为初学的设计者与开发人员提供一个最轻量级的、可扩展的、可定制的和免费的地图显示类库，这个类库能帮助开发人员在他们自己的项目里能够与地图进行交互。Modest Maps 不能提供默认的物理标识的现实，不能提供默认的按钮进行缩放于评议的操作，不能提供额外的 api 能够进行商业区搜索与数据库查找功能等。但是其仍然在扩展库的配合下能够实现诸多的功能。

世界地图

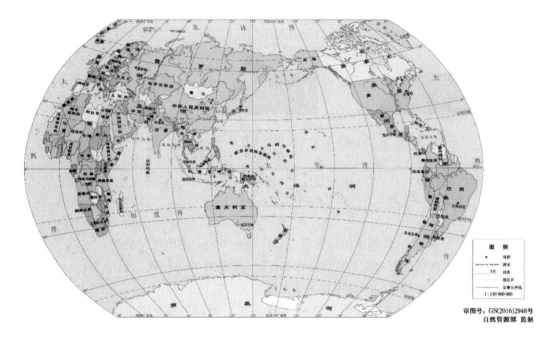

图 9.27   Modest Maps 生成地图(以世界地图为例)

2. Leaflet

CloudMade 团队为大家带来了 Leaflet(如图 9.28 所示),这是另外一个小型化的地图框架,通过小型化和轻量化来满足移动网页的需要。Leaflet 和 Modest Maps 都是开源项目,有强大的社区支持,是在网站中整合地图应用的理想选择。

图 9.28   Leaflet

Leaflet 是一个为建设移动设备友好的互动地图而开发的现代的、开源的 Javascript 库。它是由 Vladimir Agafonkin 带领一个专业贡献者团队开发,虽然代码仅有 33 KB,但它具有开发人员开发在线地图的大部分功能。

Leaflet 设计坚持简便、高性能和可用性好的思想,在所有主要桌面和移动平台能高效运作,在现代浏览器上会利用 HTML5 和 CSS3 的优势,同时也支持旧的浏览器访问。支持插件扩展,有一个友好的、易于使用的 API 文档和一个简单的、可读的源代码。

3. PolyMaps

Polymaps 是另外一个地图库,但主要面向数据可视化用户。Polymaps 在地图风格化方面有独到之处,类似 CSS 样式表的选择器,是不可错过的好东西。

Polymaps 是一个 JavaScript 库,用于生成 Google Maps、Modest Maps、CloudMade 和 OpenLayers 风格的"slippy4"地图,如图 9.29 所示。

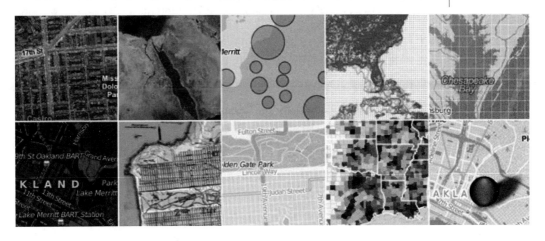

图 9.29　PolyMaps 地图展示

大多数地图库专注于 256×256 像素的图像切片,这样对于动态叠加(如村庄的边界和点云)的支持有限。这些类库都将生成叠加层所需的数据一次性地加载到内存中,从而难以可视化大型数据集。此外,当进行增大或者缩小操作时,地图切片(map tile)分辨率会自动调整,可是叠加分辨率仍然不变,这极大地限制了数据的多尺度探索,因为必须针对宏观(如状态级别)或微观(如块级别)观察来确定分辨率。

Polymaps 的目标是通过将地图切片扩展到矢量图形来更好地支持交互式地图丰富的大规模数据叠加,除标准地图切片外,Polymaps 还支持使用 SVG 渲染的矢量切片。

4. OpenLayers

OpenLayers 是一个用于开发 WebGIS 客户端的 Javascript 包。OpenLayers 支持的地图来源包括 Google Maps、Yahoo Map、微软 Virtual

Earth 等,用户还可以用简单的图片地图作为背景图,与其他的图层在 OpenLayers 中进行叠加,在这一方面 OpenLayers 提供了非常多的选择。除此之外,OpenLayers 实现访问地理空间数据的方法都符合行业标准。OpenLayers 支持 Open GIS 协会制定的 WMS(web mapping service)和 WFS(web feature service)等网络服务规范,可以通过远程服务的方式,将以 OGC 服务形式发布的地图数据加载到基于浏览器的 OpenLayers 客户端中进行显示。OpenLayers 采用面向对象的方式开发,并使用来自 Prototype.js 和 Rico 中的一些组件。

OpenLayers 是一个专为 Web GIS 客户端开发提供的 Javascript 类库包,用于实现标准格式发布的地图数据访问,如图 9.30 所示。从 OpenLayers 2.2 版本以后,OpenLayers 已经将所用到的 Prototype.js 组件整合到了自身当中,并不断在 Prototype.js 的基础上完善面向对象的开发,Rico 用到的地方不多,只是在 OpenLayers.Popup.AnchoredBubble 类中圆角化 DIV。OpenLayers 2.4 版本以后提供了矢量画图功能,方便动态地展现"点、线和面"这样的地理数据。

在操作方面,OpenLayers 除可以在浏览器中帮助开发者实现地图浏览的基本效果(比如放大、缩小、平移等常用操作)外,还可以进行选取面、选取线、要素选择、图层叠加等不同的操作,甚至可以对已有的 OpenLayers 操作和数据支持类型进行扩充,为其赋予更多的功能。例如,它可以为 OpenLayers 添加网络处理服务 WPS 的操作接口,从而利用已有的空间分析处理服务来对加载的地理空间数据进行计算。同时,在 OpenLayers 提供的类库当中,它还使用了类库 Prototype.js 和 Rico 中的部分组件,为地图浏览操作客户端增加 Ajax 效果。

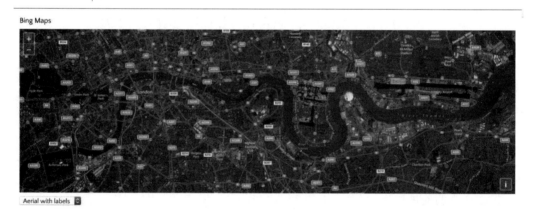

图 9.30　OpenLayers 展示 Bing Maps

5．Kartograph

Kartograph 的标记线是对地图绘制的重新思考，我们都已经习惯了莫卡托投影（Mercator projection），但是 Kartograph 为我们带来了更多的选择。如果不需要调用全球数据，而仅仅是生成某一区域的地图，那么 Kartograph 将脱颖而出，其展示效果如 9.31 所示。

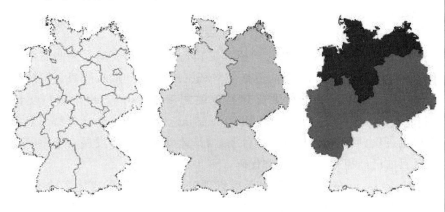

图 9.31　Kartograph 生成地图展示

6．CartoDB

CartoDB 是一个不可错过的网站，用 CartoDB 可以很轻易地就把表格数据和地图关联起来。例如，可以输入 CSV 通信地址文件，CartDB 能将地址字符串自动转化成经度/维度数据并在地图上标记出来，如图 9.32 所示。目前，CartoDB 支持免费生成五张地图数据表，更多使用需要支付月费。

图 9.32　CartoDB 生成地图展示

9.4.4 进阶工具

如果用户准备用数据可视化做一些"严肃"的工作,那么他可能不会对在线可视化工具或者 Web 小程序有太大兴趣,他需要的是桌面应用和编程环境。

1. Processing

Processing 是数据可视化的招牌工具。用户只需要编写一些简单的代码,然后编译成 Java。目前还有一个 Processing.js 项目,可以让网站在没有 Java Applets 的情况下更容易地使用 Processing。由于端口支持 Objective-C,也可以在 iOS 上使用 Processing。虽然 Processing 是一个桌面应用,但也可以在几乎所有平台上运行,此外经过数年发展,Processing 社区目前已经拥有大量实例和代码。

Processing 在 2001 年诞生于麻省理工学院(MIT)的媒体实验室,主创者为 Ben Fry 和 Casey Reas,项目发起的初衷是满足自身的教学和学习需要。后来,当 Casey 在意大利的伊夫雷亚交互设计学院(Interaction Design Institute Ivrea)进行教学的时候,基于 Processing,衍生出了 Wiring 和 Arduino 项目。随着时间的推移,又诞生了多个语言的版本,比如基于 JavaScript 的 Processing.js,还有基于 Python、Ruby、ActionScript 以及 Scala 等版本。而当前的 Processing,成立了相应的基金会,由基金会负责软件的开发和维护工作。

Processing 项目是 Java 开发的(如图 9.33 所示),所以 Processing 天生就具有跨平台的特点,同时支持 Linux、Windows 以及 Mac OSX 三大平台,并且支持将图像导出成各种格式。对于动态应用程序,甚至可以将 Processing 应用程序作为 Java™ applet 导出以用在 Web 环境内。当然,为了降低设计师的学习门槛,用 Processing 进行图形设计的编程语言并不是 Java,而是重新开发了一门类 C 的编程语言,这也让非计算机科班出身的设计师很容易上手。这里要多提一句,Processing 支持 OpenGL 和 WebGL,不但可以渲染 2D 图形,还可以渲染 3D 图形。

2015 年随着移动设备的普及,以及各大浏览器厂商对 HTML5 的日渐支持,Processing 迎来了一次重大的升级,不但对开发工具做了优化和完善,还开始逐步支持 Android 应用的开发。Web 方面,基于 HTML5,重新开发了 JavaScript 版本的 Processing,并且单独为其提供了 Web 开发工具,同时这也让 Processing 在网页上的开发应用变得更加简单便捷。这里顺便提及一下,Processing 不只是能够渲染漂亮的图形,还支持与其他软件的通信,结合之前提到的 Arduino 项目,甚至可以和外部硬件进行交互。

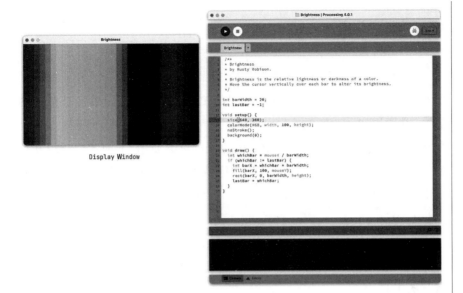

图 9.33　Processing 编程环境

2. NodeBox

NodeBox 是苹果 Mac 系统上创建二维图形和可视化的应用程序。用户需要了解 Python 程序，NodeBox 与 Processing 类似，但是没有 Processing 的互动功能，界面如图 9.34 所示。

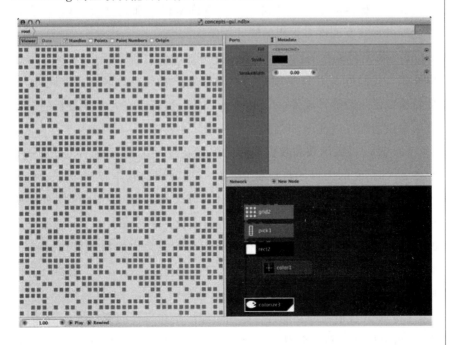

图 9.34　NodeBox 开发环境

9.4.5 专家级工具

与 Excel 相对的是专业数据分析工具。如果用户是一个专业的数据分析师,那么就必须对下面将要介绍的工具有所了解(如果不是精通的话)。众所周知,SPSS 和 SAS 是数据分析行业的标准工具,但是这些工具的价格不菲,只有大型组织和学术机构才有机会使用,下面我们介绍几种免费的替代工具,这些开源工具的共同特征是都有强大的社区支持。开源分析工具性能不输于老牌专业工具,插件的支持甚至更好。

1. R

R 是用于统计分析、绘图的语言和操作环境。R 是属于 GNU 系统的一个自由、免费、源代码开放的软件,它是一个用于统计计算和统计制图的优秀工具。

作为一种统计分析软件,R 集统计分析与图形显示于一体,它可以运行于 UNIX,Windows 和 Macintosh 的操作系统上,而且嵌入了一个非常方便实用的帮助系统,相比于其他统计分析软件,R 还有以下特点:

(1) R 是自由软件。这意味着它是完全免费的,其源代码是开放的,可以在它的网站及其镜像中下载任何有关的安装程序、源代码、程序包及文档资料。标准的安装文件自身就带有许多模块和内嵌统计函数,安装好后可以直接实现许多常用的统计功能。

(2) R 是可编程的语言。作为一个开放的统计编程环境,R 的语法通俗易懂。我们可以用 R 编制自己的函数来扩展现有的语言。因此,R 的更新速度比一般统计软件(如 SPSS、SAS 等)快得多。大多数最新的统计方法和技术都可以在 R 中运用。

(3) R 所有的函数和数据集都是保存在程序包里面的。只有当一个包被载入时,它的内容才可以被访问。一些常用的基本程序包已经被收入到标准安装文件中,随着新的统计分析方法的出现,标准安装文件中所包含的程序包也随着版本的更新而不断变化。在安装文件中,已经包含的程序包有:base——R 的基础模块;mle——极大似然估计模块;ts——时间序列分析模块;mva——多元统计分析模块;survival——生存分析模块等。

(4) R 具有很强的互动性。除图形输出是在另外的窗口处外,它的输入、输出窗口都是同一个窗口。输入语法如果出现错误窗口会立马提示;对以前输入过的命令窗口会有记忆,再次输入时会随时再现,可编辑修改以满足用户的需要。输出的图形可以直接保存为 JPG、BMP、PNG 等图片格式,还可以直接保存为 PDF 文件。另外,和其他编程语言和数据库之间有很好的接口。

(5) 如果加入 R 的帮助邮件列表,每天都可能会收到几十份关于 R 的邮件资讯。可以和全球一流的统计计算方面的专家讨论各种问题,可以说是全世界最大、最前沿的统计学家思维的聚集地。

R 是基于 S 语言的一个 GNU 项目,所以也可以当作 S 语言的一种实现,通常用 S 语言编写的代码都可以不加修改地在 R 环境下运行。R 的语法来自于 Scheme。R 的使用与 S-PLUS 有很多类似之处,这两种语言有一定的兼容性。S-PLUS 的使用手册,只要稍加修改就可作为 R 的使用手册。所以有人说:R 是 S-PLUS 的一个"克隆"。

但是请不要忘了:R 是免费的。R 语言源代码托管在 github,具体地址可以看参考资料。

R 语言的下载可以通过 CRAN 的镜像来查找。

R 语言有 6 个域名为.cn 的下载地址,其中两个由 Datagurn 提供,另外四个由中国科学技术大学提供。R 语言的 Windows 版的下载地址由 Datagurn 和 USTC 提供。

R 是一套由数据操作、计算和图形展示功能整合而成的套件,包括有效的数据存储和处理功能,一套完整的数组(特别是矩阵)计算操作符,拥有完整体系的数据分析工具,为数据分析和显示提供的强大图形功能,一套(源自 S 语言)完善、简单、有效的编程语言(包括条件、循环、自定义函数、输入输出功能)。

作为用来分析大数据集的统计组件包,R 是一个非常复杂的工具,需要较长的学习实践,学习曲线也是本书所介绍工具中最陡峭的。但是 R 拥有强大的社区和组件库(如图 9.35、图 9.36),而且还在不断成长。当用户能驾驭 R 的时候,一切付出都是物有所值的。

2. Weka

Weka 是一个能根据属性分类和集群大量数据的优秀工具。Weka 不但是数据分析的强大工具,还能生成一些简单的图表,weka 的典型界面如图 9.37 所示。

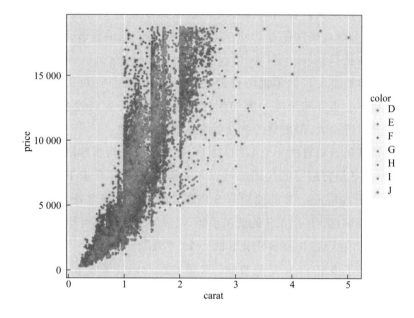

图 9.35　R 语言生成散点图示例

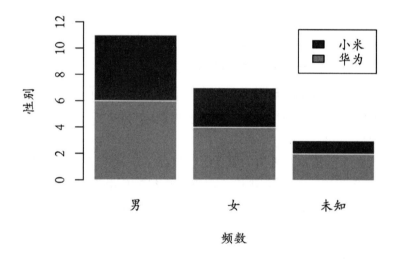

图 9.36　R 语言生成柱状图示例

3. Gephi

Gephi 是进行社交图谱数据可视化分析的工具，不但能处理大规模数据集并生成漂亮的可视化图形，还能对数据进行清洗和分类。先于他人掌握 Gephi 将使你具有更强大的社交网络处理能力，界面如图 9.38 所示。

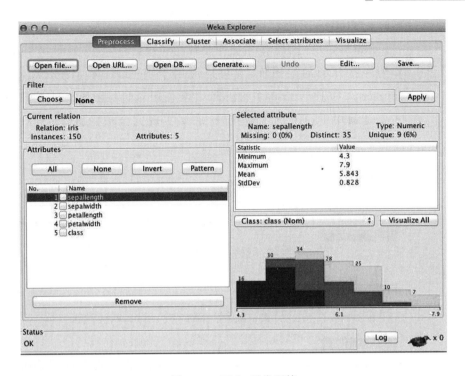

图 9.37　Weka 开发环境

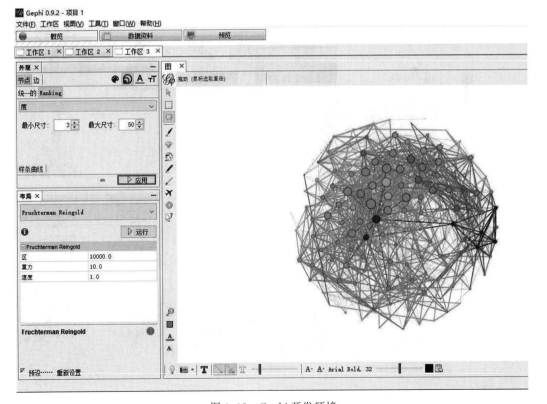

图 9.38　Gephi 开发环境

4. Plotly

Plotly 是现代平台的敏捷商业智能和数据科学库(如图 9.39 所示),作为一款开源的绘图库,它可以应用于 Python、R、MATLAB、Excel、Javascript 和 Jupyter 等多种语言,主要使用 js 进行图形绘制,实现过程中主要是调用 Plotly 的函数接口,底层实现完全被隐藏,便于初学者的掌握。

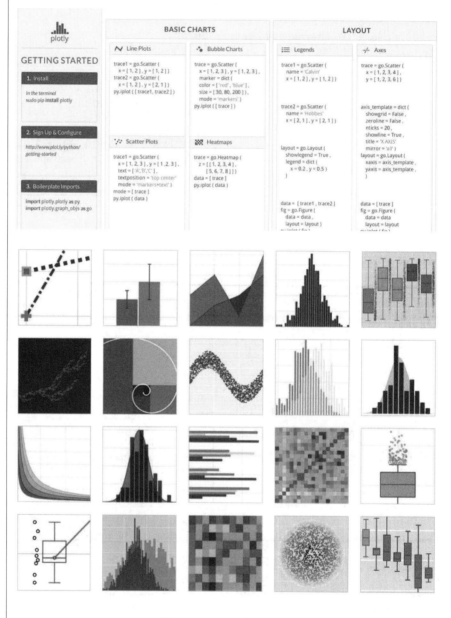

图 9.39　Plotly 官网截图

如图 9.39 所示，Plotly 主要有 20 种不同的基本图表、12 种不同的统计方式图、21 种不同的科学图表、2 种不同的财务图表、8 种不同的地图、19 种不同的 3D 图表、4 种不同的报告、7 种不同的连接数据库、3 种不同的拟合工具、4 种不同的流动图表以及 13 种不同的 Javascript 自定义控件。

Plotly 库的安装可以通过 pip 进行，如果机器上没有 pip，需要先进行 pip 的安装，这里主要介绍 Plotly 的安装，具体命令如图 9.40 所示。

```
1  $ pip install plotly
2  or
3  $ sudo pip install plotly
4  or update
5  $ pip install plotly --upgrade
```

图 9.40　使用 pip 安装 Plotly 库

按照输出方式来划分，Plotly 能分为在线输出与离线输出。

如图 9.41 所示为 Plotly 数据分析的在线模式，在线模式能够将可视化图像保存到网站上，便于共享和永久保存。

```
1  import plotly.plotly as py
2  import plotly.graph_objs as go
3
4  py.sign_in('DemoAccount', '2qdyfjyr7o') # 注意：这里是plotly网站的用户名和密码
5
6  trace = go.Bar(x=[2, 4, 6], y= [10, 12, 15])
7  data = [trace]
8  layout = go.Layout(title='A Simple Plot', width=800, height=640)
9  fig = go.Figure(data=data, layout=layout)
10
11 py.image.save_as(fig, filename='a-simple-plot.png')
12
13 from IPython.display import Image
14 Image('a-simple-plot.png')
```

图 9.41　Plotly 在线模式

如图 9.42 所示为 Plotly 数据分析的离线模式，离线模式直接在本地生成可视化图像，便于使用。

```
1  # -*- coding:utf-8 -*-
2
3  import plotly.plotly
4  import plotly.graph_objs as go
5
6  trace = go.Box(
7      x=[1, 2, 3, 4, 5, 6, 7]
8  )
9  data = [trace]
10 plotly.offline.plot(data)   # 离线方式使用：offline
```

图 9.42　Plotly 离线模式

本 章 小 结

　　本章通过介绍可视化工具与软件等内容，为读者阐述了常见的可视化工具以及用法。通过本章的学习，读者可了解如何利用可视化工具进行相关的可视化设计。

习　　题

　　（1）可视化软件包括哪些类型？

　　（2）科学可视化软件的一般用法有哪些？

　　（3）信息可视化工具包括哪些组件？

参 考 文 献

[1] 周志光,石晨,史林松,等.地理空间数据可视分析综述[J].计算机辅助设计与图形学学报,2018,30(05):747-763.

[2] 徐少坤,宋国民,王海葳,等.基于信息可视化技术的地理空间元数据可视化研究[J].测绘工程,2013,22(03):83-87.

[3] 百度百科.地图投影[OL].(2014-05-08)[2019-07]https://baike.baidu.com/item/地图投影/1697209.

[4] 陈为,沈则潜,陶煜波,等.数据可视化[M].北京:电子工业出版社,2013.

[5] 崔铁军.地理空间分析原理[M].北京:科学出版社,2016.

[6] 百度百科.高维非空间数据可视化[OL].(2021-12-04)[2019-07].https://wenku.baidu.com/view/d131b1480722192e4536f693.html.

[7] 周宁,陈勇跃,金大卫,等.知识可视化与信息可视化比较研究[D].武汉:武汉大学,中南财经政法大学,2007.

[8] 杨峰.从科学计算可视化到信息可视化[D].广州:广东商学院,2007.

[9] 刘明吉,王秀峰,黄亚楼.数据挖掘中的数据预处理[D].天津:南开大学,2000.

[10] 郭志懋,周傲英.数据质量和数据清洗研究综述[D].上海:复旦大学,2002.

[11] JOHNSON B, SHNEIDERMAN B. Tree-maps: a space-filling approach to the visualiza-tion of hierarchical information structures[J]. Proceeding Visualization 1991, 91:284 – 291.

[12] ZASLAVSKIY M, BACH F, VERT J. A Path Following Algorithm for the Graph Matching Problem. IEEE Transactions

on Pattern Analysis and Machine Intelligence[J]. 2009，31(12)：2227-2242.

[13] TANG X，HONG D，CHEN W. Data Acquisition Based on Stable Matching of Bipartite Graph in Cooperative Vehicle-Infrastructure Systems[J]. Sensors 2017，17：1327.

[14] WANG Tong，AI Zhong-liang，ZHANG Xian-guo. Knowledge Graph Construction of Threat Intelligence Based on Deep Learning[J]. CAM，2018，0(12)：21.

[15] 王元光.模型驱动的数据可视化平台的设计与实现[D].北京:北京交通大学,2015.

[16] P迪.Visual.ly:自动制作信息图[EB/OL](2012-03-13)[2019-07] http://www.alibuybuy.com/posts/71350.html.